Julien Morlier

Modélisation de mouvements complexes en biomécanique sportive

Julien Morlier

Modélisation de mouvements complexes en biomécanique sportive

La modélisation des mouvements sportifs a pour objectif de rechercher une qualité du geste améliorant la performance

Presses Académiques Francophones

Impressum / Mentions légales
Bibliografische Information der Deutschen Nationalbibliothek: Die Deutsche Nationalbibliothek verzeichnet diese Publikation in der Deutschen Nationalbibliografie; detaillierte bibliografische Daten sind im Internet über http://dnb.d-nb.de abrufbar.
Alle in diesem Buch genannten Marken und Produktnamen unterliegen warenzeichen-, marken- oder patentrechtlichem Schutz bzw. sind Warenzeichen oder eingetragene Warenzeichen der jeweiligen Inhaber. Die Wiedergabe von Marken, Produktnamen, Gebrauchsnamen, Handelsnamen, Warenbezeichnungen u.s.w. in diesem Werk berechtigt auch ohne besondere Kennzeichnung nicht zu der Annahme, dass solche Namen im Sinne der Warenzeichen- und Markenschutzgesetzgebung als frei zu betrachten wären und daher von jedermann benutzt werden dürften.

Information bibliographique publiée par la Deutsche Nationalbibliothek: La Deutsche Nationalbibliothek inscrit cette publication à la Deutsche Nationalbibliografie; des données bibliographiques détaillées sont disponibles sur internet à l'adresse http://dnb.d-nb.de.
Toutes marques et noms de produits mentionnés dans ce livre demeurent sous la protection des marques, des marques déposées et des brevets, et sont des marques ou des marques déposées de leurs détenteurs respectifs. L'utilisation des marques, noms de produits, noms communs, noms commerciaux, descriptions de produits, etc, même sans qu'ils soient mentionnés de façon particulière dans ce livre ne signifie en aucune façon que ces noms peuvent être utilisés sans restriction à l'égard de la législation pour la protection des marques et des marques déposées et pourraient donc être utilisés par quiconque.

Coverbild / Photo de couverture: www.ingimage.com

Verlag / Editeur:
Presses Académiques Francophones
ist ein Imprint der / est une marque déposée de
OmniScriptum GmbH & Co. KG
Heinrich-Böcking-Str. 6-8, 66121 Saarbrücken, Deutschland / Allemagne
Email: info@presses-academiques.com

Herstellung: siehe letzte Seite /
Impression: voir la dernière page
ISBN: 978-3-8416-2928-9

Copyright / Droit d'auteur © 2014 OmniScriptum GmbH & Co. KG
Alle Rechte vorbehalten. / Tous droits réservés. Saarbrücken 2014

Sommaire

Introduction 1

Analyse et modelisation du saut a la perche 5

    1. Introduction 7

    2. Protocole d'analyse 3D du mouvement 11

    3. Modélisation et méthodes de calcul 22

    4. Analyse des résultats 47

    5. Caractérisation de la perche par méthode de recalage 65

Modelisation du comportement du club de golf pendant le swing 79

    1. Introduction 81

    2. Méthode expérimentale 83

    3. Simulation numériques des déformations du club 86

    4. Résultats 92

    5. Conclusion 96

Analyse de la performance au virage crawl en natation par une methode statistique 98

    1. Introduction 100

    2. Dispositif d'analyse expérimentale 104

    3. Définition des variables de la performance 114

    4. Etude statistique 123

    5. Conclusion 129

Projet scientifique 131

Liste des publications 136

Activites d'encadrement 142

Introduction

Mes activités de recherche ont été menées depuis 1999 au Laboratoire de Mécanique Physique sous la responsabilité du Professeur CID M. Elles s'articulent autour de trois axes, très connexes, de part les techniques, les démarches mises en œuvre et la prise en compte permanente de la relation dispositif - humain : l'analyse et la modélisation des mouvements sportifs, la biomécanique articulaire et l'interaction environnement - comportement.

L'analyse et la modélisation des mouvements sportifs constitue un axe de recherche privilégie de part ma formation et de mon poste à l'UFR STAPS. Principalement centré sur le mouvement du sportif, il a pour objectif de rechercher une qualité du geste qui améliore la performance et réduit les risques de traumatisme. L'approche globale du système biomécanique décrit les interactions entre le sportif et son équipement et quantifie la performance. Elle exploite des techniques spécifiques de métrologie qui doivent prendre en compte les difficultés des mesures sur le terrain et la complexité des mouvements étudiés. Pour ce faire, un développement matériel (dynamomètre six composantes [6C] et analyse vidéo tridimensionnelle [3D]) et logiciel (SPORTLAB) a été réalisé par mes soins. Parallèlement à ces mesures, une modélisation par éléments finis autorise la simulation et l'optimisation du geste.

Cet axe a été initié par le développement d'un dynamomètre 6C par le Professeur Agrégé COUETARD Y. puis par la thèse de VASLIN P. sur le saut à la perche en 1993. Par la suite, mon travail de thèse a conduit au développement d'outils de mesure et de logiciel d'analyse qui ont servi de base aux futurs travaux sur le sport. Cette étude sur le saut à la perche [Mor1996] a permis de définir les principaux paramètres de la performance et notamment l'influence du moment exercé sur la perche par l'athlète [Mor2007] [Mes 2007]. Par la suite, une caractérisation de la structure de la perche a été menée par une méthode de recalage qui a permis de prendre en compte les rigidités locales de la structure [Mor2008] dans un modèle éléments finis dynamique [Mor2009]. Le cahier des charges d'une perche « sur mesure » correspondant à la fois aux qualités physiques et techniques du perchiste a été élaboré à l'aide du modèle du comportement dynamique de la structure.

En s'inspirant de la méthode développée lors de la recherche sur le saut à la perche, de nombreuses disciplines sportives dont le golf [Morl2007] ont été analysées puis optimisées en termes de performance ou de confort.

Plus récemment, une étude sur le virage crawl en natation a été initiée avec la thèse de PUEL F. issue d'une collaboration avec la Fédération Française de natation, le CREPS de Talence et l'UMR 5469. Une approche statistique novatrice est mise en place sur une population d'experts (les meilleurs nageurs et nageuses français de crawl) et de non experts pour dégager les facteurs de la performance de cette habilité motrice complexe.

En s'appuyant sur les outils de mesure développés précédemment, l'axe biomécanique articulaire a émergé avec la thèse de MESNARD M. sur l'articulation temporo-mandibulaire en 2005. Cet axe a pour objectif de structurer la conception de prothèses articulaires devant intégrer des contraintes et des solutions technologiques spécifiques. Ces données devront être étudiées puis prises en compte dans la restauration fonctionnelle de l'articulation.

La quantification expérimentale des caractéristiques [Mes2010] met en œuvre les techniques spécifiques de métrologie élaborées au sein de l'équipe lors de mes études sur le mouvement sportif ou disponibles en milieux médicaux (dynamomètre 6C, vidéo 3D, électromyographie, IRM). L'exploitation de ces techniques parfois lourdes ou invasives est complétée par des études statistiques [Cou2008] ou par des simulations. La modélisation par éléments finis permet ainsi d'optimiser les solutions technologiques.

L'articulation temporo - mandibulaire est pour l'instant au cœur de la thématique et a fait l'objet de 3 thèses soutenues (MESNARD M., 2005, COUTANT J. C., 2006 et AOUN M., 2010). Mon implication dans ce travail de recherche s'est tout d'abord effectuée au niveau du transfert et de l'adaptation des techniques de capture 3D du mouvement à partir d'images vidéos afin de reconstruire les déplacements du centre de l'articulation temporo-mandibulaire. Par la suite, j'ai apporté mes connaissances en modélisation au travail de thèse de AOUN M. dans laquelle un modèle éléments finis permet de simuler le rôle du menisque articulaire dans des mouvements d'ouverture et de serrage.

L'axe interaction environnement - comportement constitue le dernier axe de recherche développé dans la thématique Biomécanique du laboratoire. Cette activité est issue d'une collaboration de recherche entreprise avec l'UFR d'Odontologie de Bordeaux 2.

Ces récents travaux sont centrés sur les modifications de l'occlusion (thèse BAZERT C., 2009) et étudient plus largement les relations entre une source de perturbation locale (orthèse, traumatisme..) et l'adaptation posturale.

L'approche métrologique expérimentale à laquelle j'ai activement participée, qualifie l'influence "descendante" sur la posture générale et sur des sensations somesthésiques (EMG, dynamomètre 6C, vidéo 3D). L'objectif consiste également à décrire la relation inverse ou "ascendante" en générant des modifications locales par la correction de la posture générale [Baz2008].

Bien que participant activement aux trois axes de recherche, j'ai choisi au cours de ce mémoire de présenter les principaux travaux réalisé dans la thématique « analyse et modélisation du mouvement sportif ». Le mémoire présentera donc trois études qui se dégagent par leur originalité et par la qualité des résultats obtenus.

La première étude qui me tient très à cœur, sera consacrée à l'analyse et la modélisation du saut à la perche. L'ensemble des techniques d'analyse du mouvement développé au laboratoire sera présenté en détail lors de ce chapitre. En outre, ce travail de recherche de plusieurs années m'a permis d'une part de soutenir une thèse de mécanique [Mor1999] et d'autre part d'encadrer quatre mémoires de maîtrise et un mémoire de DEA [Clo1998]. Plusieurs publications internationales ont été réalisées.

La deuxième étude originale présentera un travail de modélisation dynamique du comportement du club de golf pendant le swing. Deux mémoires de DEA [Har1999] [Cap2003] ont permis d'aboutir aux résultats présentés et une publication internationale a été réalisée.

Enfin, la dernière étude choisie pour ce mémoire s'intéressera à l'analyse du virage crawl en natation et proposera une approche statistique pour dégager les principaux critères de performance. Une thèse sur le sujet est en cours de rédaction et plusieurs congrès internationaux ont déjà permis de présenter les résultats.

ANALYSE ET MODELISATION DU SAUT A LA PERCHE

PUBLICATIONS

Thèse de mécanique

[Mor1999] Morlier J., Etude dynamique tridimensionnelle du saut à la perche. Caractérisation et modélisation d'une perche de saut. Université Bordeaux 1, Mention très honorable avec félicitations du jury, Octobre 1999

DEA de mécanique

[Clo1998] Closse C., Modélisation et conception de nouvelles perches de saut, Université Bordeaux 1, 1998

Articles

[Mor2009] Morlier J., Mesnard M., Aoun M., Cid M. Pole-vaulting: a comparison of two dynamic finite element models. *Russian Journal of Biomechanics*, 13 (2), 14-22, 2009

[Mor2008] Morlier J., Mesnard M., Cid M. Pole-vaulting: Identification of the pole local bending rigidities by an updating technique. *Journal of applied Biomechanics*, 24 (2), 140-148, 2008

[Mor2007] Morlier J., Mesnard M. Influence of the moment exerted by the athlete on the pole in pole-vaulting performance. *Journal of Biomechanics*, 40 (10), 2261-2267, 2007

[Mes2007] Mesnard M., Morlier J., Cid M. An essential performance factor in pole-vaulting. *Compte Rendu de l'Académie de Science (Mécanique)*, 335 (7), 382-387, 2007

[Mor 1996] Morlier J., Cid M. Three-Dimensional analysis of the angular momentum of a pole vaulter. *Journal of Biomechanics*, 29 (8), 1085-1090, 1996

1. Introduction

L'évolution du matériel et d'une technique adaptée ont permis aux sauteurs à la perche d'atteindre de véritables sommets. En effet, BUBKA S. fut le premier athlète à franchir une barre située à six mètres du sol. Cependant, avant d'arriver à de telles altitudes, le saut à la perche a subi une longue évolution jusqu'à l'apparition des perches en matériaux composites au début des années 60. Le bois (1840-1900) fut le premier matériau utilisé pour la réalisation de perches avant d'être remplacé par le bambou (1900-1940) qui le fut lui-même par l'acier (1940-1960). Durant cette période, le record du monde progressa linéairement de 3 mètres à plus de 5 mètres. Avec l'apparition de la fibre de verre, la technique de saut se modifia de manière conséquente, permettant ainsi un gain de performance accru. En quelques années, les records du monde se succédèrent jusqu'à l'avènement de Sergei BUBKA en 1984. En plus de collectionner les médailles et de remporter tous les titres de champion du monde, il fit progresser le record du monde de 5,85 mètres à 6,14 mètres.

La révolution du saut à la perche est donc intervenue avec l'apparition des perches en matériaux composites autorisant des déformations beaucoup plus importantes. Le mouvement du perchiste s'est peu à peu adapté à un tel matériau, l'athlète devant, dans un premier temps, emmagasiner le maximum d'énergie dans la structure avant de bénéficier du retour de la perche pour se faire projeter avec une vitesse maximale au-dessus de la barre. La technique de saut présente différentes phases (figure 1.1), énoncées dans l'ordre chronologique suivant :

- La course d'élan [1] : c'est la phase préparatoire du saut qui conditionne la vitesse horizontale de décollage qui doit être aussi grande que possible ;
- Le planter [2] : c'est l'action qu'effectue le perchiste lorsqu'il place sa perche dans le fond du butoir (piquer) puis qu'il la positionne le plus haut possible au moment de l'impulsion (soulever) ;
- L'impulsion [3] : elle correspond à l'action exercée par l'athlète sur le sol lors de son dernier appui avant le décollage, la perche est alors en contact avec le fond du butoir ;
- Le balancer et le grouper [4] : c'est la phase la plus dynamique du saut, le perchiste utilise ses segments inférieurs qui réalisent un mouvement de rotation autour des hanches, puis l'ensemble autour des épaules afin de transmettre les efforts à la perche par l'intermédiaire des bras ;
- Le renversement et l'extension [5] : ils tendent à placer le corps dans une position favorable pour bénéficier du retour de la perche ;

- Le retournement [6] : il consiste à effectuer une rotation de 180° autour de l'axe longitudinal du corps afin de se retrouver face à la barre ;
- La poussée finale [7] : le perchiste réalise avant de lâcher la perche une dernière poussée verticale qui peut lui permettre d'augmenter sa vitesse ;
- Le franchissement [8] : c'est l'étape finale du saut, le perchiste profite de sa vitesse et de son moment cinétique pour s'enrouler autour de la barre.

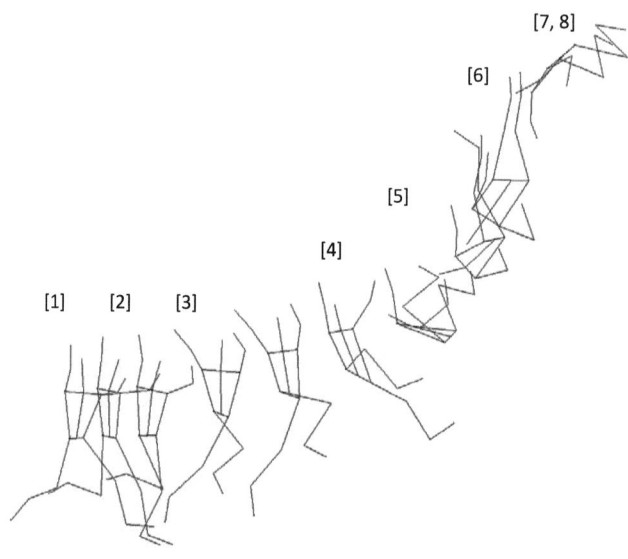

Figure 1.1 :   Différentes phases d'un saut à la perche

En définitive, le mouvement peut se décomposer en trois grandes phases. La course d'élan va influencer les conditions initiales (position et vitesse) du saut. La seconde phase jusqu'à la flexion maximale de la perche (qui correspond généralement à la fin du grouper du perchiste) est celle où le perchiste cherche à générer les efforts les plus importants possibles sur la structure afin d'en maximiser l'énergie de déformation.

Cette étape nécessite une grande dynamique du bas du corps et un éloignement du centre de gravité par rapport au point d'application des efforts sur la perche afin d'augmenter la force développée sur la perche suivant l'axe vertical et le moment suivant l'axe transverse. Durant la dernière partie du saut, le perchiste profite de l'énergie stockée dans la perche pour se faire projeter au-dessus de la barre. Au moment du lâcher de la perche, il doit donc posséder une vitesse maximale et un moment cinétique important pour pouvoir enrouler la barre.

Cette étude va s'intéresser au mouvement du perchiste et de la perche lorsque la perche se déforme en entrant en contact avec le butoir, c'est-à-dire depuis le dernier appui avant le décollage jusqu'au franchissement de la barre par l'athlète. En outre, elle vise à une amélioration de la performance et nécessite donc une double approche :

- Dans un premier temps, il convient de réaliser une analyse mécanique tridimensionnelle (3D) du mouvement qui permettra de rendre compte de l'ensemble des paramètres mécaniques (torseurs cinématique, cinétique et dynamique) des sous ensembles constitutifs du corps humain afin d'en améliorer le geste ;
- Dans une seconde phase, il est nécessaire d'adapter le matériel utilisé par rapport à la technique de l'athlète et donc aux efforts mis en jeu au cours du mouvement ; une caractérisation puis une modélisation de la structure employée par le sportif est alors indispensable afin de simuler l'activité sportive.

Une telle démarche met en relation étroite l'étude expérimentale et la simulation numérique du geste athlétique. Néanmoins, seule une simulation numérique valide permet de concevoir une technique optimale ou alors d'adapter individuellement le matériel au sportif.

Le mémoire s'attachera à présenter les techniques de mesure utilisées et à montrer les limites de ces outils. Les techniques d'analyse d'un geste sportif reposent sur deux approches différentes mais complémentaires. En effet, il convient dans toute étude dynamique de rendre compte à la fois de la cinématique du mouvement mais aussi d'évaluer les torseurs d'action exercée par le sportif au niveau de ses différents appuis avec le sol ou avec son matériel. L'utilisation de dynamomètres à six composantes permet la mesure des efforts développés par le sportif. La cinématique 3D du sportif est reproduite grâce à des mesures cinématographiques. Le mouvement du sportif est alors filmé par plusieurs caméras dont les images successives permettent de reconstruire les trajectoires 3D des articulations constitutives du corps humain. Cette technique repose sur l'utilisation de l'algorithme DLT (Direct Linear Transformation) qui permet de transformer les coordonnées 2D d'un point repéré dans le plan des caméras en coordonnées 3D dans un repère de référence.

Les modèles et les techniques de calculs employées pour caractériser la dynamique du perchiste seront présentés par la suite. En effet, le corps humain est modélisé par un ensemble de segments rigides liés entre eux par des liaisons mécaniques : on parle alors de systèmes polyarticulés ou de modèles multicorps. Des tables anthropométriques permettent également d'attribuer aux segments rigides des caractéristiques d'inertie réalistes. Cette modélisation couplée aux mesures cinématographiques autorise le calcul des différents torseurs mécaniques des sous systèmes (segments corporels) puis du solide (athlète).

Les résultats issus des mesures expérimentales réalisées sur des sauts réels seront présentés puis analysés. L'application des lois de la dynamique des solides indéformables permet, en effet, de déterminer les torseurs d'actions mis en jeux au cours du mouvement. De plus, la recherche du geste optimal peut être approchée en exploitant les mesures réalisées. En conclusion, l'étude expérimentale du geste sportif est indispensable : elle permet de déterminer les efforts développés lors du mouvement et fournit les données d'entrée du modèle numérique.

La dernière partie de l'étude sera consacré à la caractérisation puis la modélisation des perches de saut. La simulation numérique du geste ou du comportement du matériel utilisé est nécessaire pour optimiser la performance. Néanmoins, il convient dans un premier temps de modéliser et donc de caractériser les éléments du modèle. Pour le saut à la perche, l'engin joue un rôle très important dans la performance réalisée. Il est donc indispensable de caractériser dynamiquement la structure. Pour ce faire, une méthode de recalage a été développée afin de déterminer localement les caractéristiques statiques (raideur) et dynamiques (masse et amortissement) d'une perche de saut. Finalement, une simulation du comportement dynamique d'une perche de saut sera menée avec un code de calcul éléments finis (EF).

2. Protocole d'analyse 3D du mouvement

L'analyse mécanique du geste sportif par une approche « corps rigides » nécessite la connaissance des paramètres mécaniques qui régissent son mouvement : torseur dynamique $\overline{D}$ des solides composant le modèle mécanique et torseur des efforts extérieurs appliqués aux différents solides. Pour ce faire, deux outils d'analyse sont utilisés : l'analyse vidéo tridimensionnelle (3D) permet de reconstruire les mouvements 3D des différents segments corporels et donc d'en déterminer la dynamique alors que les capteurs de force ou dynamomètres fournissent les efforts développés par le sportif lors de ses appuis avec le sol ou les solides sur lesquels il est en contact. La connaissance de ces deux entités est essentielle dans toute approche dynamique du geste sportif, elle permet, en outre, en les combinant, de déterminer les efforts entre les différents solides qui composent le modèle mécanique. Cet aspect expérimental de l'analyse du geste sportif met en œuvre des outils et des techniques modernes dans les domaines de la vidéo, des capteurs de forces, de l'électronique et du traitement du signal. Il est de plus indispensable afin de comprendre le mouvement et d'analyser les efforts mis en jeu avant d'en réaliser un modèle.

Les contraintes dans l'analyse du mouvement sportif sont plus grandes que dans les manipulations en laboratoire, en effet, le système d'analyse ne doit en rien perturber les performances de l'athlète. De plus, l'espace d'analyse est souvent situé en extérieur avec toutes les contraintes qui en découlent : problèmes d'intempéries, de lumières, de températures, de vent , etc. Il est aussi nécessaire de concevoir des instruments de mesure adaptés au travail de terrain répondant donc aux contraintes de légèreté, de mobilité et d'autonomie de fonctionnement.

2.1 Analyse vidéo

Les techniques de mesure 3D à partir d'images photo ou d'images issues de caméras cinématographiques, appelées stéréo-photogrammétrie, nécessitèrent pendant longtemps la connaissance des paramètres internes des caméras. L'utilisation de caméras métriques (dont on connaît précisément les paramètres optiques), très chères, étaient alors indispensables mais peu adaptées aux expérimentations en milieu sportif. En 1971, ABDEL-AZIZ et KARARA [Abd1971] développèrent une méthode qui permit d'appliquer les techniques de la stéréo-photogrammétrie à des caméras classiques (dont on ne connaît pas les paramètres internes). Cette méthode, appelé Direct Linear Transformation (DLT), fut mise au point pour tout type de caméra.

Parallèlement, VAN GHELUWE [VGh1978] élabora une technique similaire de reconstruction 3D, basé sur un étalonnage linéaire du volume filmé.

La DLT fut ensuite utilisée pour déterminer des trajectoires 3D de points à partir de films ou de vidéos. En effet une vidéo ou un film n'est qu'une succession d'images (24 images/s pour le format cinématographique, 25 images/s pour le format vidéo européen et 30 images/s pour le format asiatique et américain), la reconstruction 3D est alors appliquée sur chaque image ce qui permet ainsi de déterminer les trajectoires 3D des points filmés. Les travaux de SHAPIRO [Sha1978] démontrèrent la validité de la méthode pour des mouvements dynamiques, en filmant la chute libre d'une balle de golf et en comparant l'accélération de cette dernière avec celle de la pesanteur. L'écart entre l'accélération mesurée de la pesanteur et celle théorique fut inférieur à 5 %. L'algorithme de reconstruction de la DLT permet à partir des prises de vue d'un même point, réalisées à l'aide d'au moins deux caméras, de reconstruire les coordonnées 3D de ce point. Cet algorithme met en évidence la relation linéaire qui existe entre les coordonnées d'un point sur le plan de l'image numérisée et les coordonnées 3D calculées dans un repère de contrôle.

L'analyse vidéo 3D du saut à la perche est délicate à mettre en œuvre de part la nature complexe du mouvement et de part la situation extérieure de l'espace de manipulation. Elle se déroule naturellement en plusieurs étapes : Le positionnement et le réglage des caméras, l'étalonnage de l'espace, l'analyse du mouvement image par image et la reconstruction 3D des trajectoires.

Le positionnement des caméras sur le site d'expérimentation dépend de l'espace d'évolution du sportif. Au saut à la perche, ce dernier est relativement important lorsque l'on s'intéresse au mouvement depuis le dernier appui avant le décollage jusqu'au franchissement de la barre. Cet espace représente un volume conséquent : 6 mètres de long, 6 mètres de haut et 2 mètres de large. Afin d'améliorer la finesse des mesures, l'espace d'évolution a été partagé en deux zones présentant un volume commun. Le premier volume a permis d'analyser la phase d'impulsion alors que le second a permis l'étude de la fin du saut. La première zone est filmée par deux caméras (caméra 1 et 2) placées de part et d'autre de la piste et dont l'angle de prise de vue a été réglé afin de perdre un minimum de cibles (articulations corporelles) cachées par d'autres segments lors du mouvement (figure 1.2).

Deux autres caméras (3 et 4), placées légèrement en avant des deux premières, ont permis la reconstruction du geste dans le deuxième volume. La partition de l'espace en deux a permis d'améliorer très sensiblement les mesures cinématiques, la reconstruction 3D du geste complet a été facilitée par l'espace commun entre les deux volumes. La synchronisation des quatre caméras entre elle et avec les dynamomètres était assurée par un flash se déclenchant en parallèle du système d'acquisition dynamique. Les caméras vidéos utilisées lors des expérimentations étaient des caméscopes S-VHS Panasonic, possédant un obturateur électronique permettant un arrêt sur images parfait. Le réglage des caméras dépendait essentiellement des conditions climatiques et différait d'un essai à l'autre, une obturation rapide ($\geq 1/250^{ème}$) était cependant nécessaire.

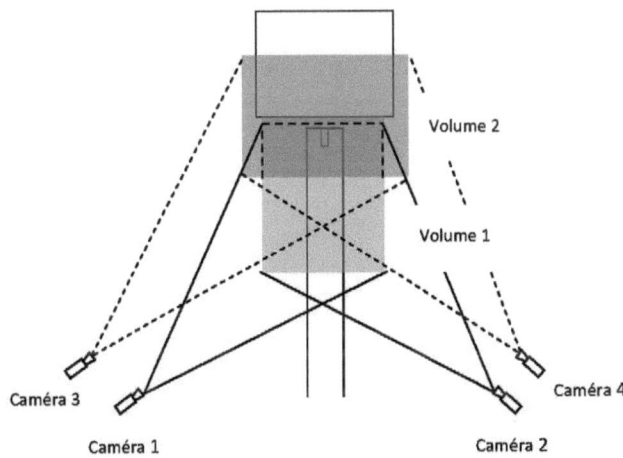

Figure 1.2 :   Dispositif d'acquisition vidéo 3D

La reconstruction 3D du geste nécessite un étalonnage préalable de l'espace filmé. C'est en partie de celui-ci que dépend la qualité des mesures vidéo, il doit être, en outre, représentatif du volume dans lequel évolue le perchiste. Des objets de calibration ou trièdres ont été placés sur la piste afin d'étalonner le premier volume (figure 1.3). Le second volume a été calibré en utilisant les poteaux du sautoir et une perche muni de marqueurs placée sur l'origine du repère lié à l'objet de contrôle. De plus, quelques points du second trièdre ont aussi été utilisés pour améliorer la continuité des résultats entre les deux volumes.

Plus de trente points de calibration ont été exploités pour obtenir un étalonnage précis de chaque volume. La qualité de cet étalonnage a été vérifiée lors de la superposition du mouvement exécuté dans la zone commune aux deux volumes.

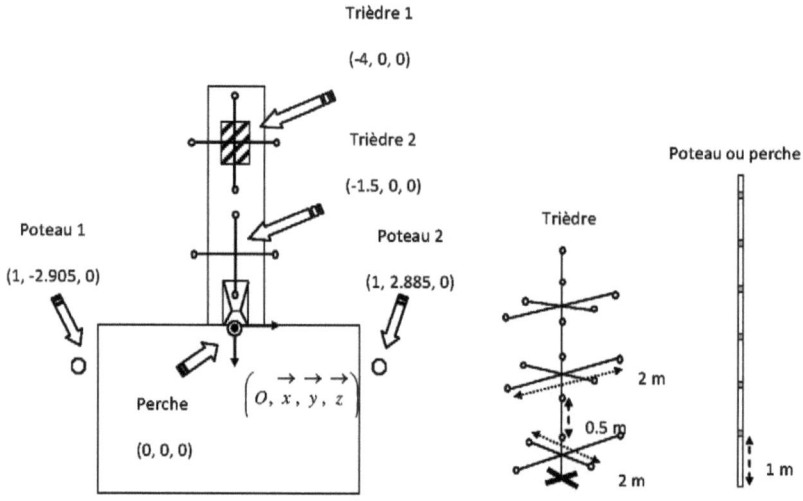

Figure 1.3 : Etalonnage de l'espace d'évolution du perchiste

Après avoir étalonné les caméras puis filmé le mouvement, il faut désormais analyser le geste. Pour ce faire, nous disposons d'un banc d'analyse vidéo qui est constitué d'un magnétoscope S-VHS et d'un ordinateur muni d'une carte d'acquisition vidéo. Le magnétoscope envoie le signal vidéo à la carte d'acquisition qui numérise sans perte de qualité la séquence filmée.

Le logiciel *SportLAB*, développé au laboratoire, permet ensuite de repérer les coordonnées *(U, V)* dans le plan de numérisation de chaque articulation. Sachant qu'une image vidéo est constituée d'une succession de trames paires et de trames impaires, cette opération peut s'effectuer :

- Sur chaque image de la séquence vidéo : la fréquence d'acquisition est alors de 25 Hz et la définition de 720 par 540 pixels ;
- Sur chaque trame de l'enregistrement vidéo : la fréquence d'acquisition est alors de 50 Hz et la définition de 720 par 270 pixels.

La fréquence d'acquisition a été favorisée au détriment de la définition pour l'étude du saut à la perche car le mouvement est relativement rapide.

L'analyse du geste sportif image par image est un travail minutieux et généralement fastidieux : deux heures d'analyse sont, en effet, nécessaires pour reconstruire le mouvement complet d'un saut à la perche. L'acquisition automatique des marqueurs représentant les différentes articulations corporelles n'est pas possible pour des expérimentations en extérieur, car elle nécessite un contraste important entre les cibles et les autres parties de l'image. L'algorithme de la DLT permet enfin de reconstruire à partir de l'analyse du geste dans les deux plans de numérisation, les trajectoires 3D des articulations qui composent le modèle mécanique du perchiste.

Le dispositif présenté précédemment fut adapté pour des essais dont les objectifs de mesure étaient sensiblement différents. Par exemple, l'analyse de la première partie du saut, jusqu'à la flexion maximale de la perche permet de remonter au torseur d'action exercé par le perchiste sur la perche pendant la phase de contact. Pour ce faire, un dispositif comportant quatre caméras a été mis en place. Deux caméras placées sur la gauche de la piste d'élan ont alors permis de reconstruire le mouvement des articulations de la gauche du corps, de même deux caméras ont été positionnées à droite. Cette procédure a permis de ne perdre aucune articulation lors du mouvement. De plus, le champ plus restreint et un étalonnage plus fin (en ajoutant des points de contrôle) ont permis des mesures plus sensibles des efforts exercés par le perchiste sur la perche.

En conclusion, l'analyse vidéo 3D du saut à la perche, contrairement à l'analyse dynamométrique, ne s'effectue pas en temps réel, le travail de dépouillement des images successives étant long et minutieux. Elle est, cependant, indispensable pour rendre compte de la dynamique des différents segments corporels.

2.2 Analyse dynamomètrique

2.2.1 Dynamomètre à six composantes

Le dynamomètre à six composantes, utilisé dans cette étude, est un capteur d'effort, mesurant un torseur d'action. Il a été développé au sein du Laboratoire de Mécanique Physique, UMR CNRS 5469, Université Bordeaux I, par Le Professeur Agrégé, COUETARD Y., sa réalisation a fait l'objet d'un brevet national (93-08370 CNRS-LMP).

Comme tout capteur à jauges électriques, il est constitué de plusieurs parties :
- Un corps d'épreuve : c'est le solide qui réagit sous l'action d'un effort extérieur avec lequel il est en contact direct ou par l'intermédiaire d'une liaison. Cet élément est fabriqué dans un matériau qui doit être utilisé dans son domaine élastique linéaire afin d'avoir une relation linéaire entre la déformation mesurée et l'effort appliqué ;
- Un détecteur : c'est l'élément sensible du capteur, il s'agit en général d'un pont de Wheastone implanté sur le corps d'épreuve pour les capteurs à jauges électriques ;
- Un boitier : c'est la partie rigide du capteur qui assure la protection du détecteur et permet la fixation du capteur.

Le dynamomètre à six composantes est constitué de deux plaques reliées entre elles par trois bras disposés à 120 degrés. La plaque inférieure assure la fixation du dynamomètre sur son lieu d'implantation. La partie supérieure est libre et reçoit les efforts extérieurs exercés sur sa surface. La liaison entre ces deux parties constitutives du dynamomètre est assurée par les trois détecteurs ou capteurs. Ces capteurs sont formés d'un bras (corps d'épreuve) et de deux portes bras qui lient ce dernier avec les deux plaques du dynamomètre. Pour simplifier, le bras est assimilable à une poutre dont la partie inférieure est encastrée avec la plaque inférieure par l'intermédiaire du porte bras inférieur. La partie supérieure du capteur munie d'une liaison rotule vient coulisser dans le porte bras supérieur, lui-même fixé à la plaque supérieure du dynamomètre. Ainsi la partie supérieure du bras, sur laquelle seront montés les ponts de Wheastone, est reliée à la plaque libre par une liaison linéique annulaire qui ne transmet que deux forces dans les deux axes perpendiculaires à l'axe du bras. Ces liaisons assurent l'isostaticité de la plaque supérieure, partie libre du dynamomètre.

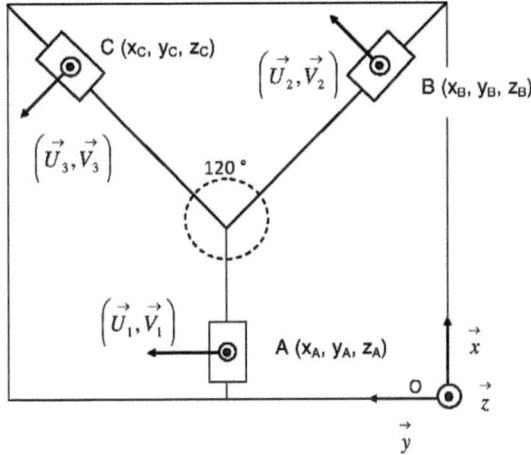

Figure 1.4 : Vue supérieure du dynamomètre

Lorsqu'un effort est appliqué sur la partie libre du dynamomètre, les trois bras transmettent chacun deux forces suivant les axes $\left(\vec{U}_i, \vec{V}_i\right)_{i=(1,2,3)}$ définis sur la figure 1.4 en raison des liaisons linéiques annulaires. Le principe de fonctionnement du dynamomètre repose sur l'équilibre statique de la plaque supérieure, noté *(S)*, sur la quelle 4 torseurs d'action sont appliqués (le poids de la plaque, contrainte résiduelle, n'est pas pris en compte car il est éliminé lors du tarage initial) :

Torseur de l'effort extérieur appliqué en un point P de *(S)* (inconnue du problème) :

$$\left\{\mathcal{E}\right\}_P = \left\{ \begin{array}{l} \vec{F} \\ \vec{M}(P) \end{array} \right.$$

Torseur d'action du bras 1 sur (S) au point A : $\left[\tau_1\right]_A = \begin{cases} F_{11}\vec{U_1} + F_{12}\vec{V_1} \\ \vec{0} \end{cases}$

Torseur d'action du bras 2 sur (S) au point B : $\left[\tau_2\right]_B = \begin{cases} F_{21}\vec{U_2} + F_{22}\vec{V_2} \\ \vec{0} \end{cases}$

Torseur d'action du bras 1 sur (S) au point C : $\left[\tau_3\right]_C = \begin{cases} F_{31}\vec{U_3} + F_{32}\vec{V_3} \\ \vec{0} \end{cases}$

On peut alors écrire, en ne tenant pas compte des effets dynamiques, l'équilibre statique de la plaque supérieure au point O :

$$\left[\tau\right]_O + \left[\tau_1\right]_O + \left[\tau_2\right]_O + \left[\tau_3\right]_O = \left[0\right]_O$$

On peut alors écrire après transport des moments en O, puis projection sur $\left(\vec{x}, \vec{y}, \vec{z}\right)$, la relation matricielle suivante :

$$\begin{pmatrix} F_x \\ F_y \\ F_z \\ M_x(O) \\ M_y(O) \\ M_z(O) \end{pmatrix} = \begin{pmatrix} 0 & 0 & \sqrt{3}/2 & 0 & -\sqrt{3}/2 & 0 \\ 1 & 0 & 1/2 & 0 & 1/2 & 0 \\ 0 & 1 & 0 & 1 & 0 & 1 \\ -z_A & 0 & -z_B/2 & y_B & -z_C/2 & y_C \\ 0 & -x_A & \sqrt{3}/2\, z_B & -x_B & -\sqrt{3}/2\, z_C & -x_C \\ x_A & 0 & (x_B - \sqrt{3}y_B)/2 & 0 & (x_C + \sqrt{3}y_C)/2 & 0 \end{pmatrix} \begin{pmatrix} -F_{11} \\ -F_{12} \\ -F_{21} \\ -F_{22} \\ -F_{31} \\ -F_{32} \end{pmatrix}$$

La matrice (6x6) est appelée matrice géométrique du dynamomètre et notée *(M)*. Afin de déterminer de façon unique le torseur d'effort appliqué sur le dynamomètre, il convient de mesurer les forces appliquées sur ses trois bras. Pour ce faire, on réalise des capteurs de flexion suivant les deux directions $\left(\vec{U_i}, \vec{V_i}\right)_{i=(1,2,3)}$ pour chacun des bras.

Ces capteurs vont permettre la mesure des forces représentées par le vecteur $(F_{11}, -F_{12}, -F_{21}, -F_{22}, -F_{31}, -F_{32})$ où F_{i1} est la norme de la force appliquée sur le capteur i dans la direction $\vec{U_i}$ et F_{i2} celle dans la direction $\vec{V_i}$. La réalisation de 6 ponts de flexion (2 par bras) est nécessaire pour déterminer les 6 forces exercées.

La réalisation d'un pont de flexion passe par un dimensionnement préalable des bras, il faut en effet calculer les sections optimales pour obtenir une sensibilité correcte des capteurs. En effet, des déformations trop faibles nuisent à la sensibilité alors que des déformations trop importantes peuvent saturer le pont. En définitive, chaque composante F_{ij} est proportionnelle à la tension de sortie du pont de flexion considéré, on peut alors écrire *(F)= (K) (V)* où la matrice *(K)* est appelée matrice de sensibilité dont les coefficients sont exprimés en *(N/mv)*.

Le torseur d'effort exercé sur le dynamomètre au point O s'écrit alors $\{\tau\}_O = (M)(K)(V)$

La matrice d'étalonnage *(E)* est donc définie comme la matrice produit de *(M)* par *(K)*. Cette matrice, caractéristique de la géométrie du dynamomètre ainsi que des sensibilités des 6 capteurs de flexion, sera déterminée grâce à un étalonnage statique.

2.2.1 Dispositif expérimental

L'analyse dynamométrique du saut à la perche a pour objectif de mesurer les efforts extérieurs s'exerçant sur le perchiste et la perche. Pour ce faire, deux dynamomètres à six composantes ont été implantés sur le stade (figure 1.5).

Le premier, intégré à la piste d'élan à 3,60 mètres du fond du butoir et fixé au béton par un système de serrage mis au point spécialement, permet de mesurer les efforts exercés par le perchiste sur le sol lors du dernier appui avant le décollage. Le second, placé sous le butoir, détermine les efforts développés par le système perche – perchiste dans le butoir.

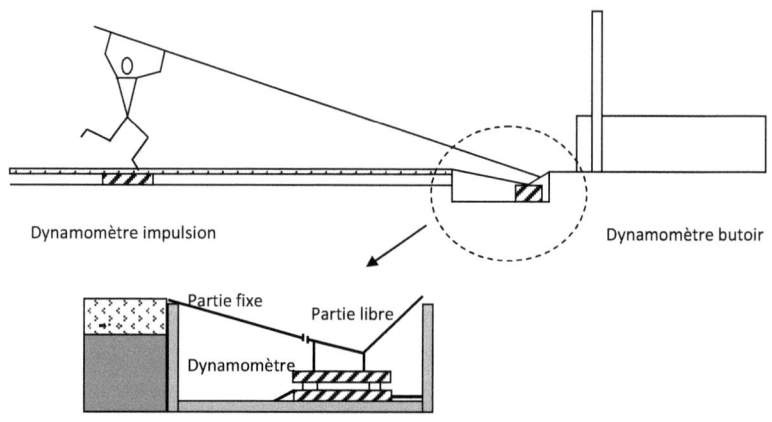

Figure 1.5 :   Dispositif expérimental dynamométrique

Les contraintes pour la réalisation des dynamomètres utilisés dans l'étude du saut à la perche furent essentiellement liées à la masse et la taille du capteur placé sur la piste d'élan. En effet, les dynamomètres existant jusqu'alors avaient des encombrements relativement petits (200 mm par 200 mm) pour une masse peu importante (quelques kilogrammes), car conçus pour la mesure des efforts sur des machines outils. Si le dynamomètre placé sous le butoir a sensiblement les mêmes dimensions, celui dédié à la mesure de l'effort d'impulsion a nécessité la réalisation de deux prototypes en raison d'une taille importante : 800 mm de long pour 600 mm de large.

Le premier prototype présentait une plaque supérieure d'une dimension de 800 mm par 600 mm en aluminium et une plaque inférieure pleine en acier et de même dimension.

Le principal inconvénient de ce dynamomètre était sa masse, relativement élevée (80 kg) qui le rendait peu maniable. De plus, de telles caractéristiques mécaniques engendraient une fréquence propre de 40 Hz, peu adapté à la mesure des chocs ou des phénomènes dynamiques rapides. Il a donc fallu pour des raisons de commodité et afin d'améliorer la réponse dynamique du capteur, diminuer de façon considérable la masse de la plaque supérieure en conservant une rigidité équivalente. Le choix s'est porté sur les matériaux composites, la plaque supérieure du dynamomètre a donc été réalisée en utilisant un sandwich carbone - balsa - carbone. En outre, la partie inférieure du dynamomètre a été évidée pour diminuer la masse du capteur. En définitive, la réalisation du deuxième prototype a permis de diminuer la masse du capteur à 20 kg et d'augmenter sa fréquence propre à 60 Hz.

Enfin, l'utilisation d'un revêtement synthétique de type tartan posé sur le dynamomètre a permis de reproduire les conditions de saut réelles, n'a pas permis d'obtenir une bande passante importante. En effet, ce matériau d'une épaisseur de deux centimètres est assez amortissant et diminue donc sensiblement les performances dynamiques de la plaque supérieure.

Le second dynamomètre, plus petit, est placé sous un butoir en acier adapté pour l'occasion et enregistre les efforts développés par le système perche – perchiste dans celui-ci. Afin de limiter les effets dynamiques du butoir, ce dernier a été découpé en deux parties, la première reste fixe alors que la seconde solidaire du dynamomètre est libre et permet ainsi la mesure des efforts. L'ensemble du dispositif est positionné dans un caisson en bois placé dans la piste et fixé au sol. Les caractéristiques des deux dynamomètres ont été calculées au mieux pour limiter les effets dynamiques de la partie libre et pour optimiser la sensibilité des ponts de flexion par rapport à la rigidité des bras.

En conclusion, l'analyse expérimentale du saut à la perche est une étape indispensable vers une meilleure compréhension de la dynamique gestuelle. La réalisation et la mise au point du dispositif d'analyse ont demandé de longs mois de travail afin d'obtenir un système fiable et robuste. En outre, les nombreuses analyses effectuées sur divers sportifs ont permis d'obtenir les données indispensables pour faire fonctionner les simulations numériques, et d'analyser les phénomènes physiques mis en œuvre.

3. Modélisation et méthodes de calcul

Ce paragraphe est consacré à l'étude du mouvement du perchiste par une approche dynamique. Avant de mettre en place les équations de la dynamique, il convient de modéliser le perchiste par un ensemble de solides indéformables liés les uns aux autres par des liaisons mécaniques appelé aussi modèle « multicorps ». Le concept de « Torseur » sera utilisé afin d'alléger les équations de la Mécanique Newtonienne. Le référentiel choisi pour cette étude, noté R_0 est considéré comme un référentiel galiléen et fixé à la piste d'élan. Son origine O est définie par le centre du butoir et ses axes sont choisis de la manière suivante : l'axe (O, x) est l'axe de la piste d'élan, l'axe (O, z) est l'axe vertical ascendant et l'axe (O, y) est tel que R_0 soit un repère direct.

3.1 Modélisation du perchiste

La complexité de la modélisation choisie pour décrire le perchiste va influencer de manière importante les résultats obtenus. Ainsi, nous avons défini la représentation physique la plus fine possible : chaque segment corporel est donc modélisé par un solide rigide dont les caractéristiques d'inertie se rapprochent au mieux de celles réelles. Cette modélisation possède, en outre, de nombreux avantages :

- Elle décrit de manière convenable la réalité ;
- La mise en équation du problème et sa résolution sont plus abordables et moins coûteuses en temps de calcul qu'une approche dynamique en éléments finis ;
- Elle permet enfin de comprendre les mécanismes mis en jeu dans les performances réalisées.

Le modèle choisi pour cette étude est composé des 14 segments rigides suivant, repérés par 18 marqueurs articulaires placés sur les articulations distales et proximales (figure 1.6) :

- Pieds (x 2) : bout du pied – cheville ;
- Jambes (x 2) : cheville – genou ;
- Cuisses (x 2) : genou – hanche ;
- Tronc : milieu des hanches – milieu des épaules ;
- Bras (x 2) : épaule – coude ;
- Avant – bras (x 2) : coude – poignet ;
- Mains (x 2) : poignet – bout des doigts ;
- Tête : cou – sommet du crâne.

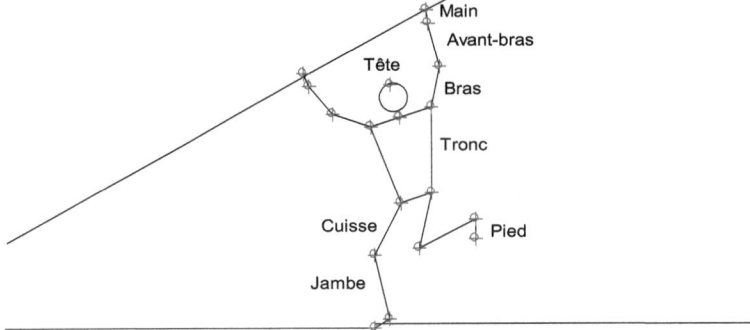

Figure 1.6 :   Modèle multicorps du perchiste

Enfin, chaque solide doit posséder des caractéristiques mécaniques (masse, position du centre de masse, matrice d'inertie) proches de celles réelles. Des tables anthropométriques ont été établies et fournissent en fonction de la taille et de la masse des sportifs les caractéristiques d'inertie de ses différents segments corporels.

La première étude scientifique, cherchant à déterminer les propriétés d'inertie des segments corporels, fut réalisée par DEMPSTER en 1955 sur huit cadavres. Elle permit de créer les premières tables anthropométriques et servit de référence pendant plusieurs années.

Plusieurs études se sont alors succédées jusqu'aux travaux de ZATSIORSKY [Zat1983] en 1983. Grâce à la radiographie, il détermina les caractéristiques d'inertie des différents segments corporels en réalisant des mesures sur un échantillon de 100 hommes et fournit les équations de régression donnant la valeur de ces caractéristiques en fonction de la masse et de la taille des individus.

Plus récemment, DE LEVA [DeL1993] proposa un ajustement des tables de ZATSIORSKY et valida les résultats obtenus sur des jeunes athlètes. Ces tables font en outre la différence entre des athlètes masculins et féminins et ont permis une amélioration indiscutable sur les résultats obtenus par rapport aux données de DEMPSTER.

Elles ont donc été utilisées dans le modèle multicorps mis en place pour l'étude dynamique du saut à la perche et renseignent sur les paramètres suivants (tableau 1.1) :

- La position p du centre de masse de chaque segment par rapport à l'articulation distale ou proximale ;
- La proportion de masse m de chaque segment en fonction de la masse du sportif M ;
- Les moments d'inertie dans les axes principaux des segments corporels, IT^* représente le moment d'inertie transverse pour un athlète mesurant 1,74 mètres et pesant 73 kilogrammes.

Segment	p (cdm)	m (% M)	IT^* (kg.m^2)	p (cdm)	m (% M)	IT^* (kg.m^2)
Pied	0.4290	0.0146	0.0038	**0.4415**	**0.0137**	**0.0044**
Jambe	0.4330	0.0465	0.0505	**0.4524**	**0.0433**	**0.0385**
Cuisse	0.4330	0.0988	0.1052	**0.4095**	**0.1416**	**0.1998**
Tronc	0.4383	0.5080	1.308	**0.4544**	**0.4346**	**1.2400**
Avant - bras	0.4300	0.0160	0.0076	**0.4574**	**0.0162**	**0.0065**
Bras	0.4360	0.0270	0.0213	**0.4228**	**0.0271**	**0.0127**
Main	0.5060	0.0066	0.0005	**0.7900**	**0.0061**	**0.0013**
Tête	0.5358	0.0730	0.0248	**0.4024**	**0.0694**	**0.0272**
	Dempster (1955)			De Leva (1993)		

Tableau 1.1 : Tables anthropométriques de Dempster et de De Leva

Ainsi, la connaissance des trajectoires des articulations proximales et distales de chaque segment permet de calculer la trajectoire du centre de masse du segment correspondant. De même, la quantité *m* détermine la masse du segment alors que ses moments d'inertie sont donnés par les tables anthropométriques dans ses axes principaux (longitudinal et transverse pour une modélisation par un solide possédant un axe de révolution).

Enfin, la modélisation multicorps de l'athlète autorise le calcul du torseur dynamique du perchiste exprimé en son centre de gravité par rapport à un référentiel terrestre. En effet, l'analyse vidéo 3D permet de reconstruire les trajectoires de chacune des 18 articulations constitutives du modèle. En combinant ces résultats expérimentaux avec les différents paramètres d'inertie établis dans les tables anthropométriques, le calcul des torseurs cinétique et dynamique du perchiste en son centre de gravité est alors possible. Les trajectoires brutes issues de la reconstruction 3D doivent être, alors, dérivées deux fois pour déterminer le torseur dynamique. Néanmoins, l'opération de dérivation est délicate, car elle accentue de manière très importante le bruit contenu dans le signal initial. Le paragraphe suivant est donc entièrement consacré à l'étude de la dérivation de nuages de points et à la validation des techniques utilisées couramment.

3.2 Traitement du signal

Avant d'effectuer toute opération, il est souhaitable d'apporter une première correction aux données en utilisant l'hypothèse d'indéformabilité des solides. En effet, les segments corporels étant rigides, les trajectoires des articulations peuvent être recalées en contraignant certaines distances inter segmentaires. L'algorithme d'optimisation avec contraintes, utilisée pour résoudre ce problème est développé par la suite.

Par la suite, la dérivation de nuages de points expérimentaux a fait l'objet de nombreuses recherches fondamentales ou appliquées, notamment dans le domaine de la Biomécanique. Les algorithmes de calcul sont généralement constitués en deux parties distinctes :

- Le premier traitement cherche à lisser la courbe pour éliminer au mieux la partie « bruitée » du signal ;
- La seconde étape permet de déterminer une fonction mathématique représentative de la courbe et continûment dérivable au moins deux fois et aboutit ainsi à la détermination des vitesses et accélérations.

3.2.1 Recalage des trajectoires

Le recalage de certaines trajectoires articulaires permet d'apporter une première correction aux données expérimentales acquises lors de l'analyse vidéo 3D. Le principe de ce recalage découle de l'hypothèse d'indéformabilité des solides constituant le modèle de l'athlète. Ainsi, certaines distances entre deux articulations sont supposées constantes au cours du mouvement, elles constitueront donc les contraintes de notre problème. En outre, on cherchera alors à minimiser l'écart entre les coordonnées réelles et corrigées des articulations considérées pour chaque intervalle de temps avec les contraintes établies auparavant.

Considérons le modèle multicorps du perchiste défini précédemment, seules dix distances inter segmentaires ont servi pour définir les contraintes de l'optimisation. En effet, la distance entre les épaules n'est pas constante et n'a pu être utilisée, de même que la longueur des mains et de la tête. Afin de mettre en équations le problème d'optimisation, une notation a été définie pour représenter les articulations prises en compte par le recalage. Les 14 articulations sont représentées et numérotées sur la figure 1.7.

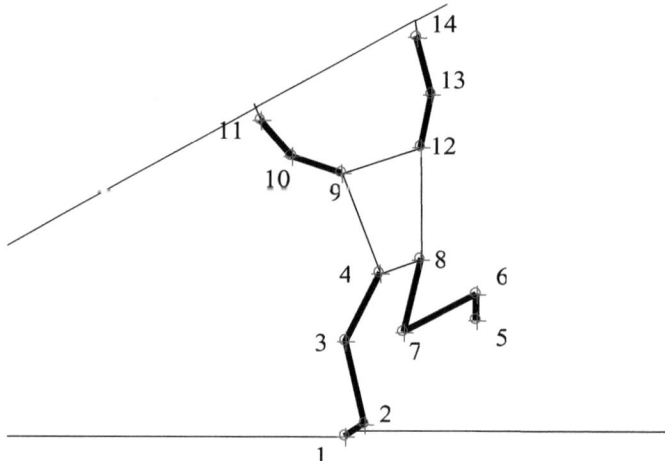

Figure 1.7 :   Numérotation des articulations

Seules 10 distances (d(i, j)) entre deux articulations (représentées en gras sur la figure 1.7) seront utilisées dans les équations de contraintes. En outre, il est nécessaire de mesurer ces longueurs, notée $c_{i,j}$ sur chaque sportif testé.

Ainsi, on définit les 10 équations de contraintes suivantes :

$$d(i, j) = \sqrt{(x_j - x_i)^2 + (y_j - y_i)^2 + (z_j - z_i)^2} = c_{i,j} \quad \text{pour} \quad \begin{cases} (i,j) = (1,2) \\ (i,j) = (2,3) \\ (i,j) = (3,4) \\ (i,j) = (5,6) \\ (i,j) = (6,7) \\ (i,j) = (7,8) \\ (i,j) = (9,10) \\ (i,j) = (10,11) \\ (i,j) = (11,12) \\ (i,j) = (12,13) \end{cases}$$

Il convient maintenant de définir la fonction objectif à minimiser pour chaque intervalle de temps. En effet, il s'agit de minimiser l'écart entre les coordonnées mesurées X'$_i$: (x'_i, y'_i, z'_i) par l'analyse vidéo 3D et les coordonnées recalées : inconnus du problème X$_i$: (x_i, y_i, z_i). Cet écart est défini par la norme euclidienne de R^3 de X' –X et on peut alors construire la fonction objectif f comme la somme sur i de ces écarts :

$$f = \frac{1}{2} \sum_{i=1}^{14} \left\| X'_i - X_i \right\|$$

On cherche alors les X$_i$ qui minimisent f avec les 10 équations de contraintes du type $d(i, j) = c_{i,j}$.

L'algorithme d'optimisation des moindres carrées a été utilisé pour résoudre ce problème. De plus, le calcul a été effectué à l'aide du code MAPLE sur chaque pas de temps afin de déterminer les trajectoires recalées des articulations considérées.

L'algorithme de recalage des trajectoires articulaires par rapport aux longueurs segmentaires a été effectué pour chaque saut étudié. Les résultats obtenus montrent que la conservation des distances est améliorée au cours du mouvement.

L'évolution de la longueur de la cuisse droite lors d'un saut réel est présentée dans les figures suivantes, cette distance d(3,4) a été au préalable mesuré sur le corps du sportif et vaut 530 mm.

On notera alors les différentes longueurs de la manière suivante :
- La longueur expérimentale est la longueur mesurée à partir des résultats bruts de l'analyse vidéo 3D ;
- La longueur corrigée est la distance calculée à partir des trajectoires recalées ;
- La longueur de référence est la distance inter articulaire mesurée sur le corps de l'athlète.

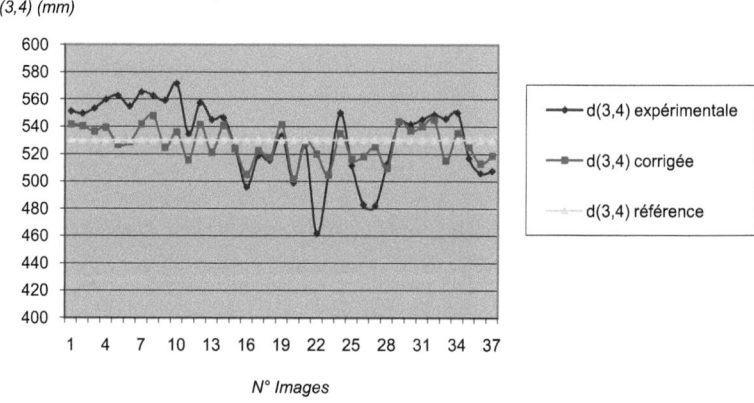

Figure 1.8 : Evolution de la longueur d(3,4) au cours d'un saut

On constate sur la figure 1.8 que des écarts importants (plus de 10 %) entre les valeurs expérimentales et réelles apparaissent parfois (images 24 et 29). Ces incertitudes de mesure peuvent s'expliquer par le fait que sur certaines images des articulations sont cachées par d'autres segments, l'expérimentateur doit alors estimer la position de ces articulations augmentant ainsi l'incertitude.

En outre, les trajectoires corrigées permettent d'obtenir une longueur de segment plus constante et en outre, plus proche de la réalité. Le recalage améliore donc de façon significative les résultats. En effet, les distances recalées ne s'éloignent pas de plus de 5 % des longueurs réelles contre 15 % pour les trajectoires brutes.

En conclusion, le recalage des trajectoires articulaires par rapport aux distances segmentaires réelles est une première étape vers le calcul des torseurs dynamiques des différents solides mis en jeu dans la modélisation.

3.2.2 Calcul des dérivées

La dérivation de « nuages de points » est un problème complexe de l'analyse numérique. Cependant, on le rencontre fréquemment en Biomécanique pour déterminer des vitesses ou des accélérations à partir de trajectoires issues de l'analyse vidéo 3D. Pour minimiser les erreurs dues au calcul des dérivées, il convient d'utiliser les algorithmes les mieux adaptées à notre problème.

Afin de calculer les dérivées de fonctions données sur lesquelles on ne dispose que d'informations partielles (les fonctions à dériver ne sont connues qu'en un nombre fini de points), il faut pouvoir faire une approximation de la courbe par une fonction mathématique continûment dérivable au moins deux fois (de classe C^2). Les fonctions les plus utilisées sont les polynômes, les fonctions polynomiales par morceaux (splines), les fractions rationnelles et les sommes d'exponentielles. Notre choix s'est porté sur l'utilisation des splines bien adaptées à ce type d'interpolation

En général, les critères d'approximation s'effectuent sur la bonne continuité des courbes à dériver. En effet, les trajectoires obtenues à partir de l'analyse vidéo présentent souvent de faibles discontinuités ou « bruit » qu'il faut éliminer pour obtenir des dérivées correctes sans pour autant tronquer la trajectoire et ainsi minimiser les vitesses et les accélérations.

Le schéma classique de dérivation peut alors se mettre sous la forme suivante :
- filtrage de la trajectoire à dériver ;
- Détermination de la spline d'interpolation de la courbe obtenue ;
- Dérivation de cette spline.

L'algorithme présenté dans cette étude sera testés sur la trajectoire du centre de gravité d'un sportif effectuant une détente verticale sans élan. Le champ d'évolution de l'athlète est sensiblement équivalent à celui du saut à la perche. De plus, les accélérations générées par les segments du sportif lors d'une détente verticale sont supérieures à celles rencontrées au saut à la perche.

Plusieurs types de filtre « passe – bas » sont généralement utilisés en Biomécanique pour éliminer la fraction bruitée du signal étudié (Butterworth, Bessel, Chebyshev, …), le filtre de Butterworth fait partie des algorithmes les plus fréquemment employés.

Les fonctions de Butterworth utilisées pour réaliser les filtres correspondants sont des cas particuliers des fonctions MFM (Maximally Flat Magnitude) et ont une réponse en amplitude de la forme :

$$|H(f)|^2 = \frac{1}{1+\left(\frac{f}{f_c}\right)^{2n}}$$ où f_c est la fréquence de coupure.

La fréquence de coupure f_c spécifie l'atténuation apportée au signal et va donc gérer la qualité du filtrage obtenu. Une fois le signal filtré, il convient de déterminer la fonction mathématique de classe C^2 représentative du signal obtenu. Généralement des polynômes d'interpolation définis par morceaux sont utilisés, on parle alors de splines d'interpolation. La construction de splines d'ordre 2 assure la continuité des accélérations.

La partie délicate du calcul des dérivées reste donc le choix de la fréquence de coupure f_c, qui comme pour le degré du polynôme lors de la méthode des moindres carrés, va surestimer ou sous-estimer les valeurs des dérivées. Néanmoins, cette méthode minimise les effets de bords et se montre mieux adaptée à la dérivation de nuages de points.

Les figures suivantes (figures 1.9 et 1.10) présentent les résultats obtenus sur les composantes verticales de la vitesse et de l'accélération avec différents choix de fréquence de coupure. On constate sur les vitesses un écart maximal de 6.5 % pour des fréquences de coupure allant de 6 à 10 Hz ainsi que la bonne correspondance des courbes en dehors des maxima.

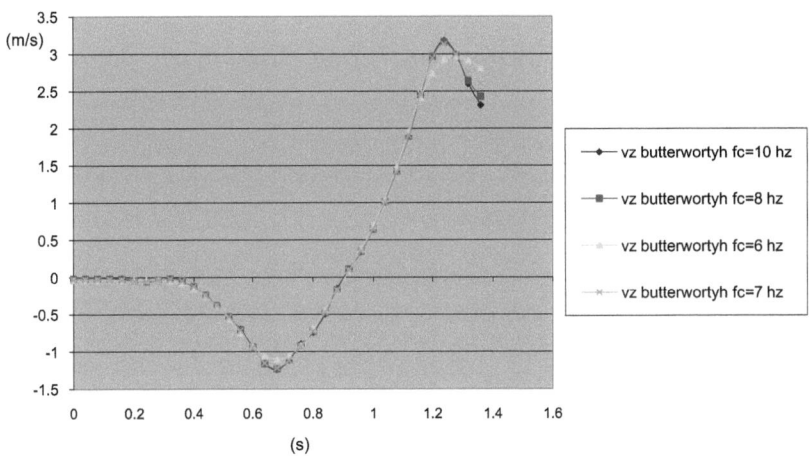

Figure 1.9 :   Calcul des vitesses pour différentes fréquences de coupure

En ce qui concerne les accélérations, l'écart maximal atteint 18 % pour des fréquences de coupure allant de 6 à 10 Hz. Il paraît aussi de manière évidente qu'une fréquence de coupure plus faible aura tendance à sous-estimer les valeurs des dérivées alors qu'une fréquence trop forte surestimera ces valeurs.

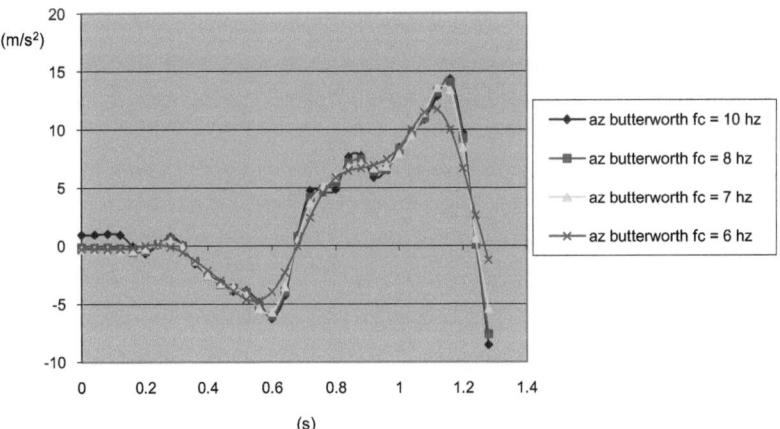

Figure 1.10 :   Calcul des accélérations pour différentes fréquences de coupure

On remarque que cet algorithme est bien adapté au calcul des dérivées mais reste sensible au choix de la fréquence de coupure. La recherche automatique d'une fréquence de coupure a alors fait l'objet de plusieurs études. Les approches utilisées sont toutes basées sur des méthodes statistiques. L'algorithme Generalized Cross-Validatory Spline (GCVS) fait référence dans ce type d'étude et a été mis au point par Woltring [Wol1986] en 1986.

Il repose sur l'utilisation de splines réguliers. Un spline régulier d'ordre 2k est un polynôme défini par morceaux de degré 2k-1 qui minimise la somme :

$$p \int_{t_1}^{t_n} \left(\hat{y}^m(t) \right)^2 dt + \sum_{i=1}^{n} \left| \hat{y}(t_i) - y(t_i) \right|^2$$

où t est le temps, y la variable, $\hat{y}$ sa valeur lissé et p le paramètre de lissage.

En effet, p contrôle le degré de lissage et donc la qualité des dérivées. La valeur optimale de p est recherchée sur une considération statistique appelée critère de cross-validation tel que l'erreur moyenne au carré soit la plus proche d'une erreur connue à priori.

Cet algorithme a donné de bons résultats pour le calcul des dérivées premières et secondes, notamment avec l'utilisation de spline quintic (k=3). Il s'est cependant parfois montré instable sur le calcul des dérivées secondes : le paramètre de lissage est alors trop faible et la courbe obtenue présente des discontinuités trop importantes.

Les résultats obtenus (présentés sur la figure 1.11) avec les différentes méthodes mettent en avant la réelle sensibilité des paramètres de lissage pour les méthodes manuelles lors du calcul des accélérations. Les écarts sur les vitesses restent faibles et montrent cependant l'avantage des deux derniers algorithmes au niveau des effets de bord (en raison de l'utilisation des splines). L'algorithme GCVS s'est donc montré le mieux adapté au calcul des dérivées en Biomécanique, cependant la recherche du paramètre de lissage ne s'effectue que sur des critères purement statistiques et non physiques. Lors de la comparaison des résultats dynamométriques et vidéo, nous avons cherché la fréquence de coupure qui permettait de recaler au mieux les accélérations mesurées (dynamomètres) et calculées (vidéo).

En supposant que cette fréquence est inhérente aux conditions de mesures vidéo (définition des caméras, importance du champ par rapport à l'athlète filmé, accélérations générées lors du geste sportif) elle pourra être conservée pour l'étude de l'ensemble des essais réalisés. Il s'agit donc d'un moyen plus physique de déterminer le paramètre de lissage optimal.

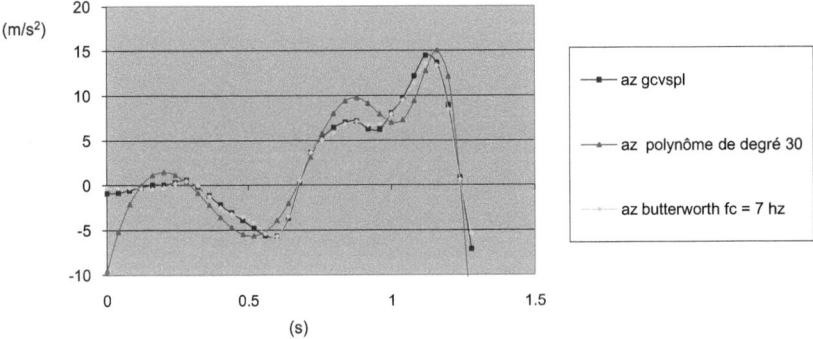

Figure 1.11 : Comparaison des accélérations avec les différentes méthodes de dérivations

En conclusion, la dérivation de nuages de points est une opération délicate, cependant l'utilisation d'algorithmes de plus en plus précis la rend opérationnelle : on peut estimer au maximum à 5 et 10 % les erreurs commises respectivement sur les dérivées premières et secondes. En outre, l'utilisation d'algorithmes avec recherche du paramètre de lissage automatique améliore sensiblement les résultats obtenus lorsqu'il n'est pas possible de comparer l'analyse dynamométrique et vidéo. Cependant, la qualité des mesures vidéo conditionne de manière définitive l'exactitude des dérivées.

Il serait néanmoins intéressant d'intégrer l'opération de lissage au processus de recalage des trajectoires articulaires par rapport aux longueurs des segments. C'est à dire rechercher non pas à chaque itération les positions des articulations qui conservent au mieux les distances inter articulaires mais de chercher des trajectoires (lissées ou continues) qui conserveront ces distances au cours du mouvement. Il faudrait donc réaliser le processus d'optimisation sur les coefficients des polynômes (pour l'utilisation de spline d'approximation par exemple) et non sur les coordonnées des articulations.

3.3 Modèle de calcul dynamique

La mise en place d'une modélisation multicorps de l'athlète et la mesure des déplacements 3D des articulations constitutives du modèle permettent le calcul des torseurs cinétique puis dynamique du sauteur en son centre de gravité. Ce paragraphe s'attachera donc à expliquer les hypothèses qui permettent de tels calculs (notamment pour le calcul du moment cinétique) puis validera le modèle ainsi que les méthodes de calcul. Enfin, une mise en équation mécanique du saut à la perche sera proposée.

3.3.1 Torseur cinétique et dynamique de l'athlète en son centre de gravité

La détermination du torseur cinétique du sauteur en son centre de gravité est indispensable dans toute approche dynamique du geste sportif. Elle nécessite toutefois la réalisation d'une modélisation volumique des segments corporels, celle ci sera présentée lors de l'étude du moment cinétique.

Le calcul du torseur cinétique d'un système S de n solides rigides S_i articulés les uns aux autres par des liaisons mécaniques par rapport à un référentiel galiléen R_0 s'effectue de la manière suivante :

$$C_{S/R_0\_G} = \begin{cases} \vec{p}_{S/R_0} = \sum_{i=1}^{n} M_i \vec{v}(G_i \in S_i / R_0) \\ \vec{\sigma}_{S/R_0}(G) = \sum_{i=1}^{n} \vec{\sigma}_{S_i/R_0}(G) \end{cases}$$

Il convient de présenter dans un premier temps le calcul de la résultante du torseur cinétique (quantité de mouvement) puis celui du moment au centre de gravité G de l'athlète (moment cinétique).

Afin de déterminer la résultante du torseur cinétique, il faut calculer dans un premier temps, la trajectoire 3D du centre de gravité de l'athlète dans le référentiel d'étude R_0. Pour ce faire, nous utiliserons les propriétés barycentriques du centre de gravité ainsi que les données issues des tables anthropométriques (figure 1.12) : proportion en masse m_i de chaque segment i et position p_i du centre de masse G_i du segment i par rapport aux articulations proximale P_i et distale D_i.

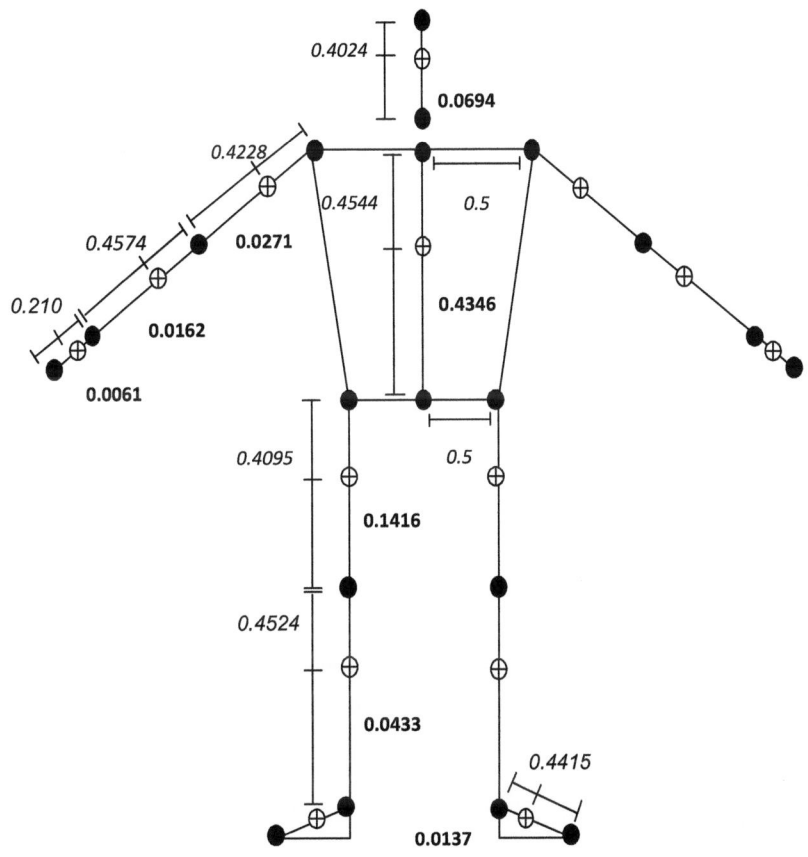

Figure 1.12 : Position des centres de masses (italique) et proportion en masse des segments corporels (gras)

Pour le segment i, il est alors aisé de positionner son centre de masse par rapport à l'origine du référentiel R₀, en effet il vient :

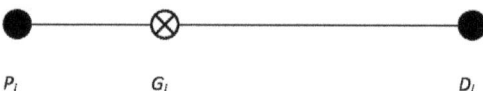

$$\vec{P_i G_i} = p_i \, \vec{P_i D_i} \quad \text{d'où} \quad \vec{OG_i} = (1 - p_i) \vec{OP_i} + p_i \vec{OD_i}$$

On peut ainsi déterminer la position du centre de gravité G du solide S de masse M à chaque instant en appliquant la relation barycentrique :

$$\vec{OG} = \frac{\sum_{i=1}^{n} M_i \vec{OG_i}}{\sum_{i=1}^{n} M_i} = \frac{\sum_{i=1}^{n} m_i M \left[(1 - p_i) \vec{OP_i} + p_i \vec{OD_i} \right]}{M}$$

En définitive, il ne reste plus qu'à utiliser au mieux les algorithmes de dérivation pour calculer la résultante du torseur cinétique :

$$\vec{p}_{S/R_0} = M \frac{d_0 \vec{OG}}{dt} = M \vec{v}\,(G \in S/R_0)$$

Afin de déterminer le moment cinétique du sauteur en son centre de gravité G dans son mouvement par rapport au référentiel d'étude R₀, il convient de calculer le moment cinétique de chaque segment i en son centre de masse G$_i$ (terme local) puis d'en faire le transport au centre de gravité G de l'athlète (terme de transport).

Le calcul des termes locaux nécessite la mise en place d'un modèle volumique des segments ainsi que l'énoncé de certaines hypothèses.

$$\vec{\sigma}_{S_i/R_0}(G) = \underbrace{\vec{\sigma}_{S_i/R_0}(G_i)}_{\text{Terme local}} + \underbrace{\vec{GG_i} \wedge M_i \vec{v}(G_i \in S_i/R_0)}_{\text{Terme de transport}}$$

Deux hypothèses principales sont posées pour permettre la détermination du moment cinétique d'un segment en son centre de masse :

- Chaque segment est modélisé par un solide rigide possédant un axe de révolution (cône cylindrique par exemple) ;
- Les rotations autour de l'axe longitudinal du solide sont négligées pour tous les segments corporels mis à part le tronc.

En définitive, toute rotation d'un segment sera effectuée autour d'un de ses deux axes transverses (qui possèdent les mêmes propriétés d'inertie). Sans cette hypothèse, il aurait été nécessaire pour chaque segment de connaître les mouvements d'un axe perpendiculaire à l'axe longitudinal (repéré par deux articulations successives) afin de mesurer les rotations autour ce dernier. Dans le cas du tronc, la rotation des épaules autour des hanches permet de prendre en compte la rotation longitudinale. En outre, cette hypothèse se justifie dans la mesure où les rotations longitudinales sont très faibles vis à vis de celles transverses.

L'analyse vidéo 3D permet de reconstruire sur chaque trame filmée la position dans l'espace des articulations constitutives du modèle choisi pour l'athlète et servira de base au calcul du moment cinétique.

Soit $\vec{r_i}(t) = \vec{D_i P_i}(t)$ le vecteur position d'un segment i à un instant t et $\vec{r_i}(t + \Delta t)$ le même vecteur repéré à l'instant suivant $t + \Delta t$, le produit vectoriel de $\vec{r_i}(t)$ par $\vec{r_i}(t + \Delta t)$ normé à 1, permet de déterminer l'axe de rotation du segment à l'instant $t + \Delta t$ (figure 1.13).

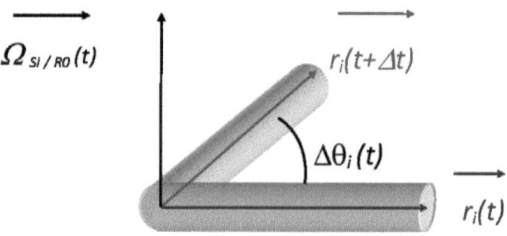

Figure 1.13 : Détermination du vecteur vitesse instantanée de rotation

De plus, le vecteur vitesse instantanée de rotation est calculé grâce à la mesure de l'angle $\Delta\theta_i$ entre les deux vecteurs (figure 1.13) :

$$\vec{\Omega}_{S_i/R_0}(t) = \frac{\vec{r}_i(t) \wedge \vec{r}_i(t+\Delta t)}{\left\| \vec{r}_i(t) \wedge \vec{r}_i(t+\Delta t) \right\|} \frac{\Delta\theta_i(t)}{\Delta t}$$

Enfin, les hypothèses assurent que la rotation s'effectue autour d'un des axes transverses, le moment cinétique du segment i en son centre de masse G_i est alors calculé :

$$\vec{\sigma}_{S_i/R_0}(G_i) = I_{ti}\, \vec{\Omega}_{S_i/R_0}$$

Pour le tronc, il faut ajouter le moment cinétique créé par la rotation longitudinale à celui généré par la rotation transverse.

Le calcul des termes de transport ne demande que la connaissance des vitesses des différents centres de masse des segments corporels par rapport au référentiel d'étude. La relation dite de transport des moments (liée à l'antisymétrie du champ de moments du torseur cinétique) permet la détermination des termes de transport :

$$\sum_{i=1}^{n} \vec{GG_i} \wedge M_i \vec{v}(G_i \in S_i / R_0)$$

En raison des faibles moments d'inertie des différents segments et des vitesses instantanées de rotation peu importantes, les termes de transport prédominent de manière importante dans le calcul du moment cinétique de l'athlète en son centre de gravité.

Le calcul du torseur cinétique est indispensable dans une approche dynamique du mouvement, il se détermine donc de la manière suivante :

$$\left[C_{S/R_0} \right]_G = \begin{cases} \vec{p}_{S/R_0} = M \dfrac{d_0 \vec{OG}}{dt} \\ \vec{\sigma}_{S/R_0}(G) = \sum_{i=1}^{n} \vec{\sigma}_{S_i/R_0}(G_i) + \sum_{i=1}^{n} \vec{GG_i} \wedge M_i \vec{v}(G_i \in S_i / R_0) \end{cases}$$

et il permet :

- De rendre compte de la quantité de mouvement et de rotation du corps ;
- De calculer le torseur dynamique de l'athlète en son centre de masse ;
- D'évaluer l'énergie cinétique mise en jeu lors du mouvement.

La connaissance du torseur cinétique de l'athlète en son centre de gravité permet le calcul du torseur dynamique. En effet, au centre de gravité, le torseur dynamique et le torseur cinétique sont reliés par la relation suivante :

$$\left[\mathcal{D}_{S/R_0} \right]_G = \dfrac{d}{dt}\bigg|_{R_0} \left[C_{S/R_0} \right]_G = \dfrac{d_0}{dt} \left[C_{S/R_0} \right]_G$$

La détermination du torseur dynamique est nécessaire afin d'évaluer les efforts mis en jeu dans les gestes sportifs. Néanmoins, les approches énergétiques sont aussi intéressantes d'un point de vue mécanique, notamment au saut à la perche où s'exerce un transfert d'énergie entre le perchiste et la perche.

3.3.2 Validation du modèle et des techniques de calcul

Afin de valider le modèle multicorps de l'athlète et les techniques de dérivation développées, une comparaison des forces mesurées par un dynamomètre six composantes et calculées à partir de l'analyse vidéo 3D a été réalisée en utilisant le théorème de la résultante dynamique.

Les forces exercées par le perchiste sur la perche calculées à partir des données vidéos ont été comparées à celle mesurées par le capteur placé dans le butoir. Pour ce faire, on modélise la perche par un fil de masse négligeable et infiniment rigide. L'effort appliqué par le perchiste sur la perche est alors entièrement transmis au butoir. En définitive, ces hypothèses conduisent à considérer que les forces développées par le perchiste sur la perche sont entièrement transmises dans le butoir et donc évaluées par le dynamomètre. Les calculs ont été effectués depuis le décollage du perchiste jusqu'au lâcher de la perche. Les figures suivantes (figure 1.14, 1.15 et 1.16) présentent les résultats obtenus dans les trois directions de l'espace.

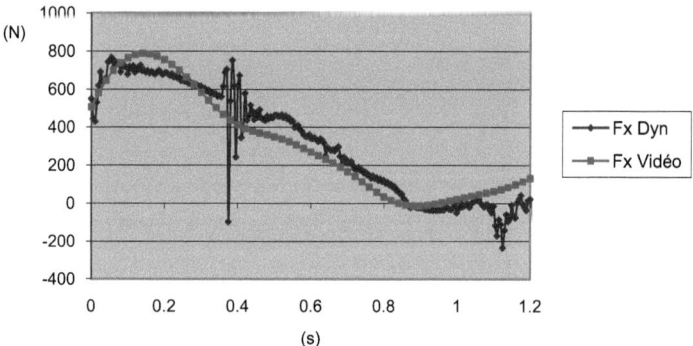

Figure 1.14 : Comparaison de la force suivant (O, x) pour un saut à la perche

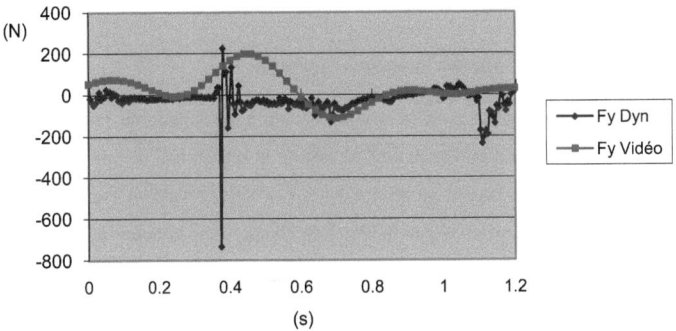

Figure 1.15 : Comparaison de la force suivant (O, y) pour un saut à la perche

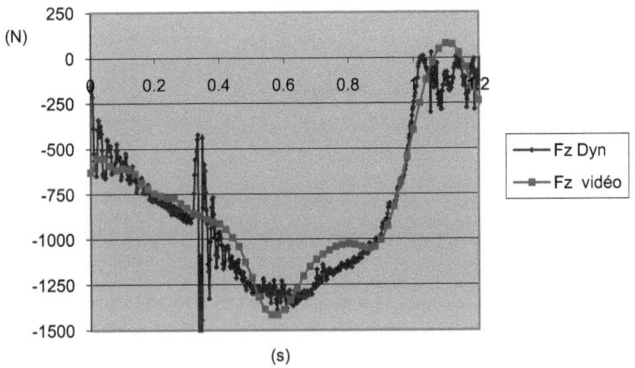

Figure 1.16 : Comparaison de la force suivant (O, z) pour un saut à la perche

Les résultats sont aussi cohérents que ceux obtenus avec l'étude dynamique d'une détente verticale sans élan bien que les conditions d'analyse vidéo étaient sensiblement différentes. L'algorithme GCVS a été utilisé pour dériver la trajectoire du centre de gravité du perchiste. Le recalage des résultats a aussi autorisé la détermination des fréquences de coupure optimales dans le cas des filtres de Butterworth : 6 Hz pour les axes (O, x) et (O, z) et 5 Hz pour (O, y). Les remarques formulées lors du saut sans élan restent valables dans cette étude.

En conclusion, le modèle multicorps semble être tout fait représentatif de la réalité et les algorithmes de calcul se sont montrés satisfaisants dans un domaine d'erreur de 5 à 7 %.

3.3.4 Détermination du torseur d'action du perchiste sur la perche

Le concept de torseur sera utilisé pour la mise en équation mécanique du saut à la perche. Une approche globale a été réalisée en appliquant les lois de la Mécanique au système total et non à chaque solide élémentaire. Le but est en effet d'évaluer le torseur d'action exercé par le perchiste sur la perche à partir de l'instant où la perche entre en contact avec le butoir et non de calculer les efforts inter articulaires.

Le référentiel choisi pour cette étude, noté R_0 est considéré comme un référentiel galiléen et fixé à la piste d'élan. Son origine O est définie par le centre du butoir et ses axes sont choisis de la manière suivante :

- L'axe (O, x) est l'axe de la piste d'élan ;
- L'axe (O, z) est l'axe vertical ascendant ;
- L'axe (O, y) est tel que R_0 soit un repère direct.

L'athlète est modélisé par un ensemble de 14 solides rigides articulés les uns aux autres par des liaisons mécaniques. Chaque solide élémentaire (segment corporel) est représenté par un solide comprenant un axe de révolution.

L'objectif de ce paragraphe est de présenter les équations permettant de déterminer le torseur d'action du perchiste sur la perche en un point de la perche depuis le contact de la perche dans le butoir jusqu'au lâcher de celle-ci par l'athlète. Nous distinguerons deux phases : la première durant laquelle le perchiste est encore en contact avec la piste et la seconde à partir du décollage jusqu'au lâcher de la perche.

Pour la suite de l'étude, nous définirons par :

- (S) le système de solides indéformables de masse m représentant le perchiste ;
- M_1 la main supérieure du perchiste ;
- M_2 la main inférieure du perchiste ;
- M le milieu du segment [M_1, M_2] ;
- P le point de contact du pied avec le sol lors du dernier appui précédent le décollage ;
- G le centre de gravité de (S).

Soit (S) le perchiste, quatre actions extérieures sont appliquées sur (S) et sont représentées par les quatre torseurs suivant :

Le poids du perchiste appliqué en son centre de gravité G : $[P]_G = \begin{cases} -mg\,\vec{z} \\ \vec{0} \end{cases}$

L'effort exercé par la perche sur le perchiste en M_1 : $[\tau_1]_{M_1} = \begin{cases} \vec{F}_1 \\ \vec{M}_{\tau_1}(M_1) \end{cases}$

L'effort exercé par la perche sur le perchiste en M_2 : $[\tau_2]_{M_2} = \begin{cases} \vec{F}_2 \\ \vec{M}_{\tau_2}(M_2) \end{cases}$

La réaction du sol sur le perchiste en P : $[I]_P = \begin{cases} \vec{I} \\ \vec{M}_I(P) \end{cases}$

Afin d'évaluer le torseur d'action du perchiste sur la perche, nous pouvons transporter les torseurs $[\tau_1]$ et $[\tau_2]$ au point M milieu de [M_1, M_2] (en supposant que la perche est rigide entre M_1 et M_2) puis en faire la somme pour obtenir le torseur $[\tau]$. Nous supposerons que ce torseur représente l'action de la perche sur le perchiste au point M (figure 1.17).

En vertu du principe d'action – réaction, on peut alors écrire que le torseur d'action du perchiste sur la perche au point M est l'opposé de celui d'action de la perche sur le perchiste en ce même point :

$$\{T\}_M = -\{F\}_M = \begin{cases} \vec{F} \\ \vec{M}_T(M) \end{cases}$$

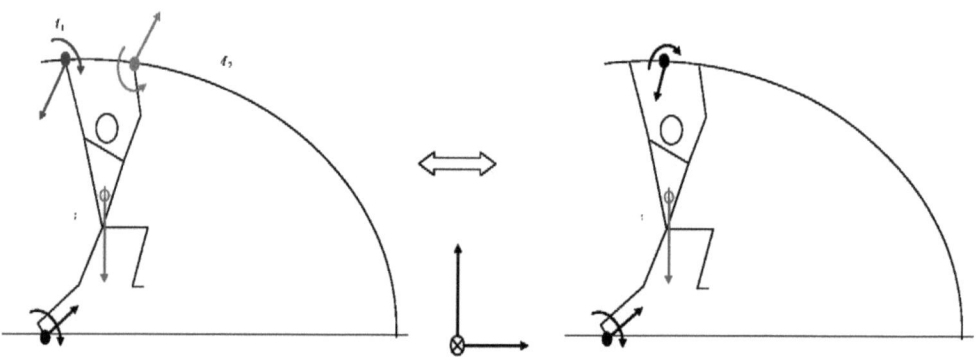

Figure 1.17 : Diagramme des efforts équivalents au saut à la perche

Nous pouvons désormais appliquer le Principe Fondamental de la Dynamique sur le solide (S) au point G, nous obtenons ainsi l'égalité torsorielle suivante :

$$\{D_{S/R_o}\}_G = -\{T\}_G + \{P\}_G + \{V\}_G$$

En transportant $\{\mathcal{T}\}$ au point G, il vient :

$$\{\mathcal{T}\}_G = \begin{cases} \vec{F} \\ \vec{M}_T(G) = \vec{M}_T(M) + \vec{GM} \wedge \vec{F} \end{cases}$$

De même, pour le torseur $\{\mathcal{V}\}$:

$$\{\mathcal{V}\}_G = \begin{cases} \vec{I} \\ \vec{M}_I(G) = \vec{M}_I(P) + \vec{GP} \wedge \vec{I} \end{cases}$$

Ainsi, nous en déduisons les deux équations vectorielles suivantes :

$$\begin{cases} m\vec{a}(G \in S/R_0) = -mg\vec{z} - \vec{F} + \vec{I} \\ \vec{h}_{S/R_0}(G) = -[\vec{M}_T(M) + \vec{GM} \wedge \vec{F}] + \vec{M}_I(P) + \vec{GP} \wedge \vec{I} \end{cases}$$

avec $\vec{h}_{S/R_0}(G) = \dfrac{d_0 \vec{\sigma}_{S/R_0}(G)}{dt}$ et $\vec{GM} = \vec{GM_1} + \vec{M_1M} = \vec{GM_1} + \tfrac{1}{2}\vec{M_1M_2}$

Finalement, nous obtenons le résultat suivant :

$$\begin{cases} \vec{F} = -m\left[g\vec{z} + \vec{a}(G \in S/R_0)\right] + \vec{I} \\ \vec{M}_T(M) = -\dfrac{d_0 \vec{\sigma}_{S/R_0}(G)}{dt} - (\vec{GM_1} + \tfrac{1}{2}\vec{M_1M_2}) \wedge \left\{-m\left[g\vec{z} + \vec{a}(G \in S/R_0)\right] + \vec{I}\right\} + \vec{M}_I(P) + \vec{GP} \wedge \vec{I} \end{cases}$$

Les expressions précédentes permettent le calcul du torseur d'action du perchiste sur la perche au point M lorsque l'athlète est encore en contact avec le sol. Durant la seconde phase du saut (à partir du décollage du perchiste jusqu'au lâcher de la perche), le torseur $\vec{V}$ est nul, les équations deviennent alors :

$$\begin{cases} \vec{F} = -m\left[g\vec{z} + \vec{a}\ (G \in S/R_0) \right] \\ \vec{M}_T(M) = -\dfrac{d_0\,\vec{\sigma}_{S/R_0}(G)}{dt} - (\vec{GM}_1 + \tfrac{1}{2}M_1\vec{M}_2) \wedge \left\{ -m\left[g\vec{z} + \vec{a}\ (G \in S/R_0) \right] \right\} \end{cases}$$

La détermination du torseur d'action 3D du perchiste sur la perche est indispensable dans toute approche dynamique du saut à la perche. En outre, les résultats obtenus sur des sauts réels (présentés au chapitre 4) seront la base de la simulation numérique réalisée.

En conclusion, ce paragraphe a mis en évidence l'importance des algorithmes de dérivation sur la validité des résultats obtenus sur les accélérations. En outre, le critère de dérivation ou de lissage joue un rôle essentiel sur la qualité des dérivées, il peut soit induire un résultat sous-estimé, le lissage est alors trop important, soit surestimé, le lissage est alors insuffisant. Les principaux algorithmes de recherche automatique du paramètre de lissage reposent sur des critères statistiques. Un des intérêts de superposer à l'analyse vidéo une analyse dynamométrique est de pouvoir recaler le critère de lissage par rapport à des données physiques. Ce critère évoluera avec les contraintes de l'expérimentation mise en place. Enfin, le modèle multicorps utilisé pour l'athlète semble rendre compte de manière satisfaisante de la réalité.

4. Analyse des résultats

4.1 Population d'étude

Les essais réalisés au Stadium de Rocquencourt (Talence) ont permis d'analyser les sauts de 7 perchistes du Stade Bordelais Université Club, dont les meilleurs résultats sont compris entre 4,70 m et 5,55 m. Sept journées de tests ont été nécessaires pour pouvoir enregistrer suffisamment de données cinématiques et dynamiques. Des essais à thèmes (analyse d'un saut complet avec différentes perches pour un même perchiste, avec différents sauteurs sur une même perche, analyse du début du saut, mesure des déplacements des points de l'extrémité de la perche, ...) ont permis une étude pertinente des critères de performance au saut à la perche. A chaque série de tests correspondait une mise au point particulière du dispositif d'analyse vidéo. Les deux dynamomètres placés sur la piste d'élan et sous le butoir ont enregistré lors de chaque test les efforts exercés par le système perche – perchiste au niveau des ses différents appuis.

Au total, une vingtaine de sauts ont fait l'objet d'une analyse vidéo 3D alors qu'une centaine d'essais ont été évalués par les dynamomètres. Néanmoins, peu de perchistes ont pris leur dernier appui sur le dynamomètre placé sur la piste. En effet, l'emplacement de ce dernier avait été calculé pour des longueurs de levier trop importantes, il ne correspondait qu'aux caractéristiques du perchiste dont l'étude a fait l'objet d'un suivi longitudinal. Pour ces raisons, le torseur d'action du perchiste sur la perche pendant la phase de contact avec le sol a été calculé uniquement pour cet athlète.

L'étude portant essentiellement sur une analyse dynamique du geste, les paramètres cinématiques du saut (position et vitesse des segments corporels au moment du contact de la perche dans le butoir) seront considérés exclusivement comme les conditions initiales du mouvement et feront l'objet d'une étude moins approfondie que les paramètres dynamiques bien qu'ils soient essentiels pour la suite du geste. La problématique du saut à la perche peut se présenter comme suit : « compte tenu des conditions initiales, le perchiste doit utiliser au mieux ses segments corporels pour appliquer un effort important sur la perche afin d'acquérir une vitesse et un moment cinétique optimaux lors du lâcher de la perche ». L'analyse des résultats obtenus aura pour ambition de justifier l'importance des moments appliqués sur la perche, de rendre compte de l'influence de la perche sur les efforts développés par le perchiste et de proposer un modèle permettant d'optimiser qualitativement le geste.

4.2 Torseur d'action exercé par le perchiste sur la perche

MAC GINNIS [McG1983] a développé au cours de son étude un modèle permettant de calculer le torseur d'action 2D appliquée sur la perche par le perchiste au niveau de la main supérieure. Les principales innovations du présent travail par rapport à celui de MAC GINNIS résident dans l'analyse tridimensionnelle du geste et dans une modélisation mécanique globale du perchiste. En effet, contrairement à MAC GINNIS, les équations de la mécanique sont appliquées sur le solide « perchiste global » constitué de l'ensemble des sous systèmes élémentaires que représentent les segments corporels.

Enfin, la détermination des efforts appliqués sur la perche a été effectuée par MAC GINNIS depuis le décollage du perchiste jusqu'au lâcher de la perche. Mon étude propose de s'intéresser aussi aux efforts développés lors du dernier appui du perchiste sur le sol en mettant en relation l'analyse dynamométrique et l'étude vidéo. Le travail de MAC GINNIS a, en outre, concerné l'étude de cinq perchistes américains de haut niveau dont les performances sont situées entre 5,50 mètres et 5,80 mètres. La figure suivante propose la comparaison entre le moment appliqué sur la perche autour de l'axe *(O, y)* calculé par MAC GINNIS et celui déterminé dans la présente étude. On rappelle que ce moment est calculé en un point situé au milieu des mains du perchiste dans notre étude et au niveau de la main supérieure dans celle de MAC GINNIS.

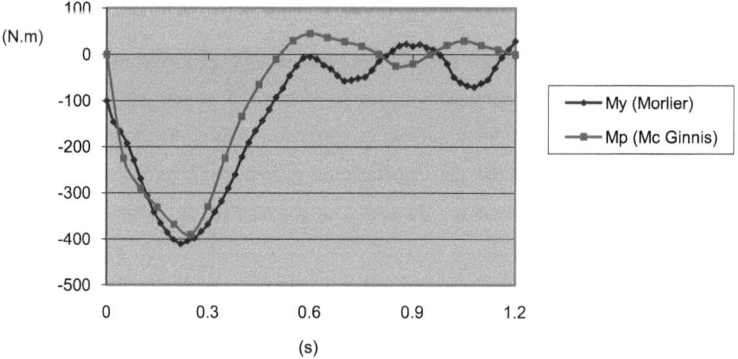

Figure 1.18 : Comparaison du moment appliqué sur la perche autour de l'axe (O, y)

On constate sur la figure 1.18 une évolution similaire des deux moments, ceci permet de conforter le modèle de calcul du moment cinétique. En effet, la comparaison entre les forces mesurées par le dynamomètre placé sous le butoir et celles calculées à partir des données issues de l'analyse vidéo avait déjà permis de confirmer les résultats obtenus pour la résultante de ce même torseur. Enfin, les deux approches semblent assez efficaces bien que celle globale ne soit pas confrontée au problème d'hyperstaticité du tronc.

Il semble intéressant de présenter les résultats en distinguant deux phases : la première concerne la mesure des efforts exercés sur la perche lors du contact du perchiste avec le sol (phase relativement courte, d'une durée comprise entre un et deux dixièmes de seconde suivant le perchiste et la perche utilisée) et la seconde depuis le décollage du perchiste jusqu'au lâcher de la perche. On notera, pendant la suite du chapitre, la première étape du geste, phase d'impulsion et la seconde, phase de saut.

4.2.2 Phase d'impulsion

Durant la première partie du saut, le calcul entrepris pour déterminer le torseur d'action développé sur la perche met en œuvre conjointement les résultats issus de l'analyse vidéo et ceux obtenus à partir des mesures dynamométriques.

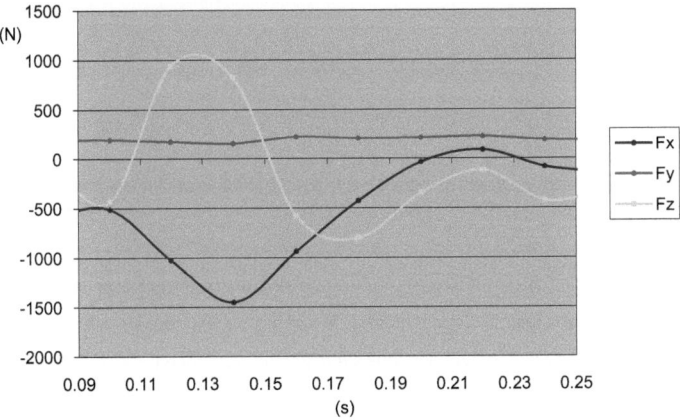

Figure 1.19 : Composantes de la force exercée par le perchiste sur la perche pendant l'impulsion

Sur l'exemple illustré sur la figure 1.19, la phase durant laquelle le perchiste est encore en contact avec le sol s'effectue sur l'intervalle de temps [0.1 s, 0.24 s]. On constate alors que la force appliquée sur la perche est presque exclusivement située dans le plan *(x, O, z)*. De plus, il semble, en analysant la figure 4-23, que le perchiste essaie de résister à l'action de la perche qui a tendance à le décoller du sol, en appliquant sur cette dernière une force dans la direction – *(O, x)*.

L'étude a permis de constater qu'un dernier appui prolongé permet de déformer de manière plus sensible la perche : le perchiste subissant, alors, moins l'effort de la perche qui a tendance à l'arracher du sol.

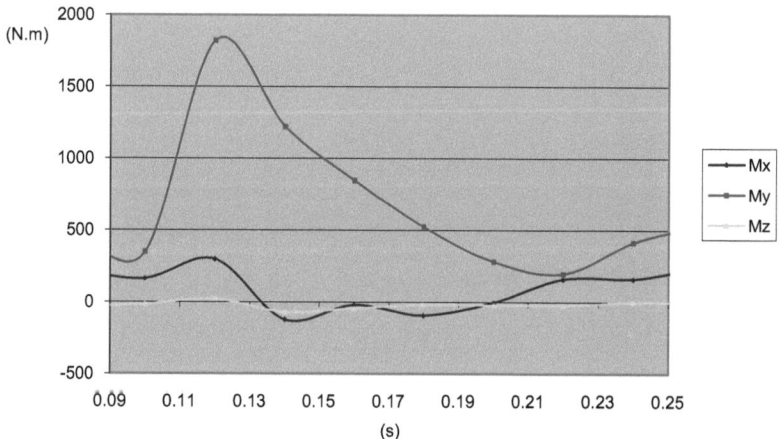

Figure 1.20 :   Composantes du moment exercé par le perchiste sur la perche pendant l'impulsion

L'hypothèse d'effort plan durant la première phase du saut est confirmée avec les résultats sur les moments présentés sur la figure 1.20, qui montre de manière significative les faibles valeurs obtenus sur les composantes *x* et *z* du moment appliqué sur la perche par le perchiste. On observe, en outre, que le perchiste cherche à résister à l'effort de réaction de la perche en appliquant un moment positif important autour de l'axe transverse *(O, y)*.

Cet effort permet aussi d'augmenter l'angle initial de la perche avec le fond du butoir, paramètre influant nettement sur la déformation de la perche et donc sur l'énergie de déformation emmagasinée dans cette dernière.

Finalement, l'ambition du perchiste lors de son dernier appui avant le décollage est double :
- Résister à l'effort d'arrachement de la perche en prolongeant la durée de contact ;
- Augmenter l'angle de l'extrémité de la perche avec le fond du butoir.

4.2.3 Phase de saut

Le calcul du torseur d'action du perchiste sur la perche durant la phase de saut ne nécessite que la connaissance des trajectoires tridimensionnelles issues de l'analyse vidéo et la mise en place du modèle multicorps de l'athlète. La figure 1.21 permet d'observer la force développée sur la perche dans les trois directions de l'espace.

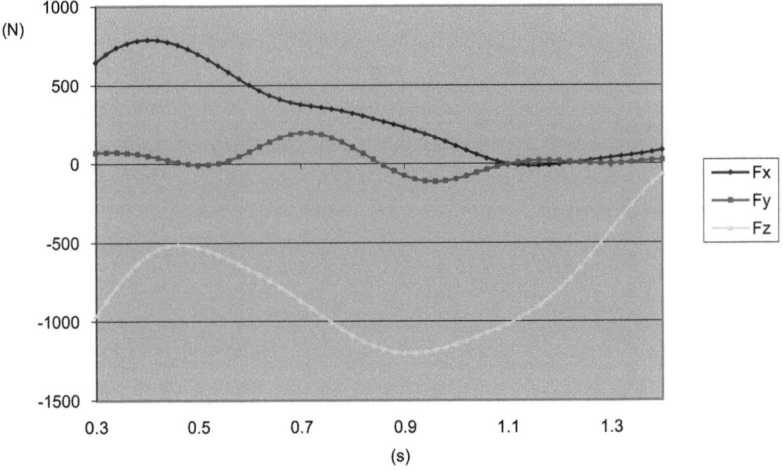

Figure 1.21 : Composantes de la force exercée par le perchiste sur la perche pendant la phase de saut

Le modèle bidirectionnel d'effort reste valable dans la première partie du saut, cependant, pendant la phase de retournement (t = 0.6 s), la force suivant l'axe *(O, y)* augmente car le mouvement du centre de gravité du perchiste n'est plus aussi plan qu'auparavant.

On observe, de plus, que la composante *x* de la force reste positive au cours du saut, car elle traduit l'accélération négative continue du perchiste. Enfin, la composante *z* de la force qui met en avant les accélérations du centre de gravité du perchiste, reste un critère indiscutable de performance et semble beaucoup plus représentative du geste du sportif que la composante selon l'axe *(O, x)* qui dépend fortement de la perche utilisée.

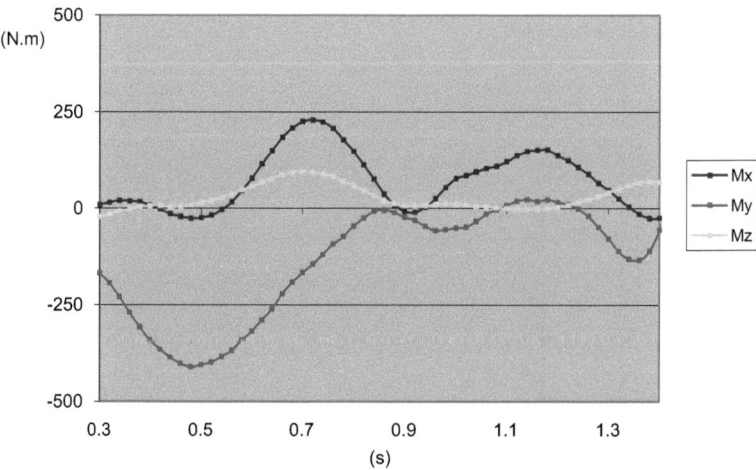

Figure 1.22 : Composantes du moment appliqué par le perchiste sur la perche pendant la phase de saut

Les remarques effectuées sur la force appliquée par le perchiste sur la perche se retrouvent sur le moment (figure 1.22). En effet, lors de la première partie du saut, le moment est essentiellement appliqué dans la direction transverse *(O, y)*, l'hypothèse d'un torseur d'action dans le plan *(x, O, z)* est alors complètement justifiée. Durant cette phase, le perchiste réalise une rotation autour de ses hanches qui permet ainsi d'appliquer sur la perche un moment autour de l'axe *(O, y)* négatif.

Ensuite, la phase de renversement et de retournement (à partir de t =0.65 s) induit des rotations du perchiste autour des deux autres axes, les composantes autour des axes *(O, x)* et *(O, z)* sont alors non nulles. On constate cependant que ces valeurs sont faibles par rapport à celle de la composante *y*. En conclusion, on peut affirmer que le moment appliqué sur la perche par l'athlète dans la direction *(O, y)* qui introduit un moment de flexion dans la perche est un critère important de performance.

4.3 Etude comparative

La première partie de ce paragraphe sera consacrée à l'analyse des résultats obtenus sur la mesure du torseur d'action exercé par le perchiste sur la perche durant la phase du saut. Par la suite, une étude comparative sur deux sauts effectués sur une même perche par deux sportifs de niveau différent permettra de souligner l'importance du moment appliqué sur la perche.

La détermination du torseur d'action du perchiste sur la perche a été réalisée sur les sept perchistes dont le niveau de performance est présenté dans le tableau 1.2 ci dessous.

Perchiste	1	2	3	4	5	6	7
Performance record (m)	5.4	4.8	5.55	5.35	5.3	5.1	4.7
Performance évaluée (m)	4.9	4.49	4.98	4.9	4.88	4.75	4.49

Tableau 1. 2 : population d'étude

On se propose de présenter les résultats obtenus sur le calcul de la force suivant l'axe vertical ascendant *(O, z)* et sur l'évaluation du moment autour de l'axe transverse *(O, y)*, principaux facteurs dynamiques de performance.

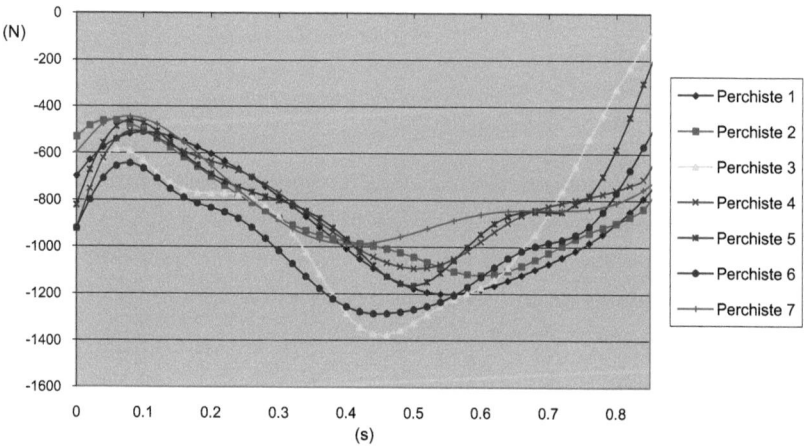

Figure 1.23 : Composante de la force appliquée sur la perche suivant l'axe (O, z)

L'analyse comparative de la composante z de la force développée sur la perche, figure 1.23, est risquée dans la mesure où tous les perchistes n'ont pas la même masse et ne sautent pas avec les mêmes perches. On constate néanmoins que l'évolution de cette force, caractéristique du geste, est semblable pour les athlètes.

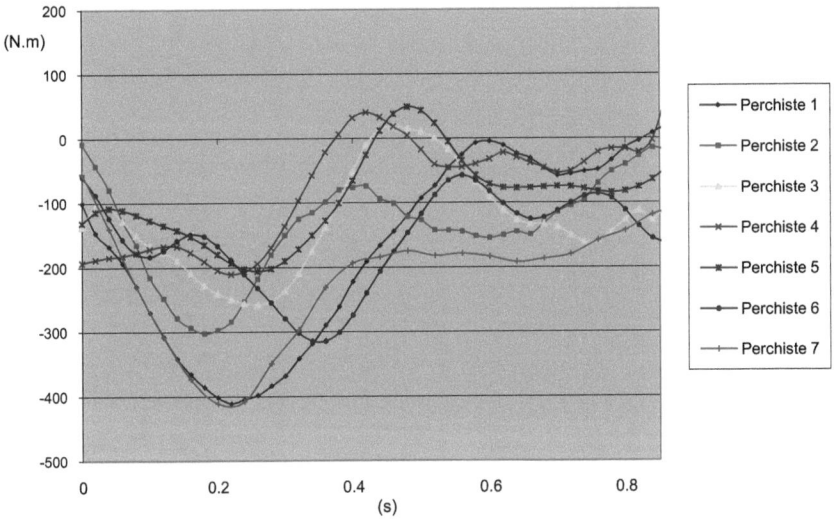

Figure 1.24 : Composante du moment appliquée sur la perche suivant l'axe (O, y)

La figure 1.24, qui présente les résultats obtenus sur les moments autour de l'axe *(O, y)*, met en avant une plus grande disparité au niveau des évolutions mesurées. On constate aussi que les meilleurs perchistes, notamment le perchiste 1, auront toujours tendance à appliquer un moment plus grand sur la perche. Pendant longtemps, les études mécaniques, visant à une analyse dynamique du geste, ne se sont intéressées uniquement qu'aux forces mises en jeu. On peut désormais affirmer que le moment est une grandeur mécanique indispensable à étudier. En outre, le concept de torseur permet l'analyse complète de la dynamique du perchiste (forces et moments).

Une étude comparative a été effectuée sur deux sauteurs de morphologie comparable sautant avec la même perche afin d'illustrer l'importance du moment appliqué sur la perche. Les deux perchistes n'ont, de plus, pas le même niveau : le perchiste 1 possède un record personnel plus élevé que le perchiste 2. En effet, durant l'essai réalisé, le centre de gravité du perchiste 1 a atteint une hauteur maximale (indice mécanique de performance) de 4,9 m contre 4,49 m pour le perchiste 2.

La figure 1.25 s'attache à mettre en lumière le faible écart observé sur les valeurs de la force développé sur la perche dans la direction (O, z).

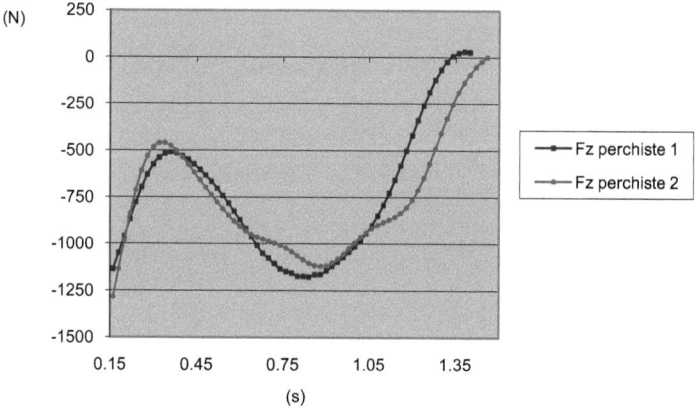

Figure 1.25 : Composante verticale de la force exercée sur la perche

En effet, un écart de 6 % sur les valeurs maximales des forces a été relevé. L'évolution au cours du saut de la force est, quant à elle, tout à fait similaire pour les deux perchistes. Néanmoins, comme le perchiste 1 a emmagasiné plus d'énergie de déformation dans la perche, le redressement de cette dernière est plus rapide.

Les résultats obtenus à partir des données issues de l'analyse vidéo sont, en outre, confirmés par la mesure des efforts exercés dans le butoir (figure 1.26).

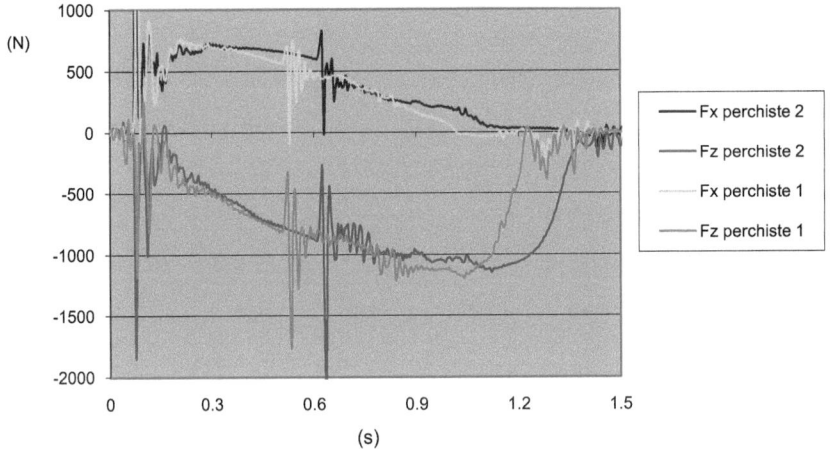

Figure 1.26 : Résultats dynamométriques

On observe sur la figure 1.26 des écarts réduits sur les composantes de la force appliquée dans le butoir par le système perche – perchiste qui confirme les remarques précédentes.

La détermination du moment appliqué sur la perche est alors nécessaire, car l'analyse des forces développées sur la perche ne permet pas de définir un quelconque critère de performance. Les faibles différences enregistrées sur les forces vont tout de même dans le sens de l'indice de performance, le perchiste 1 ayant réalisée une performance nettement supérieure au perchiste 2.

La figure 1.27 présente les résultats déterminés pour la composante transverse (autour de l'axe *(O, y)*) du moment appliqué sur la perche, grandeur essentielle dans la mesure où elle décrit la faculté du perchiste a appliqué un moment fléchissant sur la structure.

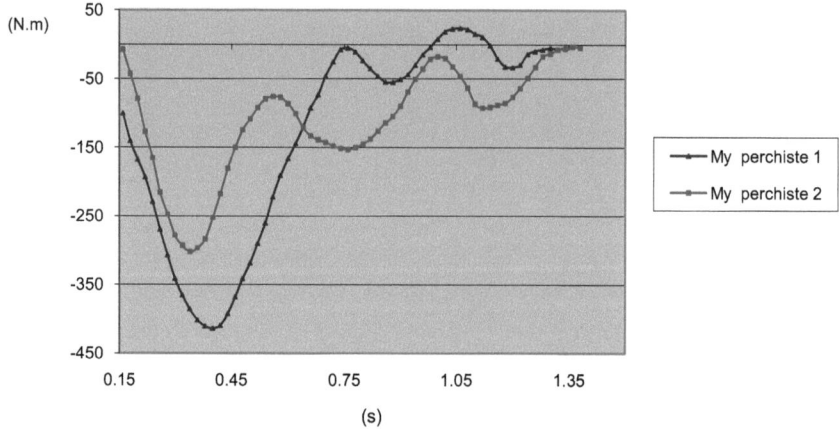

Figure 1.27 : Moment appliqué sur la perche autour de l'axe (O, y)

L'analyse du moment permet d'aboutir dans la recherche d'un critère essentiel de performance. En effet, dans l'exemple présent, les faibles écarts observés sur les forces n'ont pas permis de distinguer fondamentalement les deux gestes réalisés alors que les différences sur les moments sont beaucoup plus sensibles.

Un observe ainsi un écart de 27 % sur les moments mesurés, ce qui conduit à affirmer que la faculté du perchiste à plier sa perche réside aussi dans sa possibilité à appliquer un moment fléchissant important sur la structure.

En conclusion, l'étude montre que le moment appliqué sur la perche est un facteur indiscutable de la performance. De plus, cette étape est indispensable pour simuler le comportement dynamique de la perche en effort imposé afin d'essayer d'en optimiser les caractéristiques mécaniques pour chaque type de perchiste.

Néanmoins, l'étude présente quelque limites liées à la dynamique des systèmes de mesure. En effet, la phase d'impulsion est, contrairement à la phase de saut, difficile à appréhender avec nos appareils de mesure. Deux facteurs essentiels limitent les mesures effectuées :
- La durée relativement courte du mouvement (de 1 à 2 dixièmes de seconde) par rapport à la fréquence d'acquisition des caméras (50 Hz) ;
- L'aspect impulsionnel du geste qui excite les modes de vibration du capteur et de la perche.

En effet, le dernier appui du perchiste avant le décollage provoque un choc sur le dynamomètre, ce qui a tendance à perturber très nettement les mesures en raison des vibrations engendrées sur sa plaque supérieure. De plus, la faible durée de cette première phase du saut ne permet pas une mesure précise des accélérations du centre de gravité du perchiste en raison du peu d'images analysées lors de ce dernier appui (une dizaine d'images au mieux). En définitive, la fréquence propre de la plaque supérieure du dynamomètre et la vitesse d'acquisition des caméras ne sont pas assez élevées pour rendre compte de la dynamique rapide. Des capteurs piézo-électriques et des caméras rapides (250 images / seconde) auraient certainement permis d'améliorer de manière sensible les résultats obtenus.

4.4 Influence de la perche

Les efforts appliqués par le perchiste sur la perche dépendent du geste effectué par l'athlète mais aussi de la structure mécanique de la perche. En effet, un même mouvement réalisé sur deux perches différentes n'engendrera pas les mêmes efforts. L'étude de plusieurs sauts exécutés par différents perchistes sur une même perche ainsi que l'analyse d'un même sauteur sur des différentes perches ont permis de quantifier dans quelle mesure les efforts variaient. Enfin, la notion de force d'inertie a permis de rendre compte de l'importance de la perche sur la force développée par l'athlète en distinguant la force relative générée par le mouvement du perchiste dans un référentiel lié à la perche et la force d'inertie due au déplacement de la perche dans le référentiel galiléen .

Une étude comparative a été menée dans le but de quantifier l'influence de la perche sur les efforts développés par le perchiste. Les résultats dynamométriques enregistrés par le capteur placé sous le butoir sont à la base de cette analyse, on assimilera alors les forces mesurées à celles appliquée par le perchiste sur la perche en négligeant les effets « massiques » de la perche. Une première analyse a consisté dans l'observation des forces développées par un même perchiste sur plusieurs perches différentes.

Le perchiste ayant servi de référence lors de cette étude comparative est un athlète de niveau national dont la meilleure performance est de 5,45 mètres. Plusieurs sauts ont été réalisés sur des perches dont la rigidité de flexion va en augmentant. La figure 1.28 présente l'évolution des composantes selon la direction (O, x) de la force appliquée dans le butoir (F_x) pour un saut effectué avec une perche raide (4,9 m) et une perche souple (4,6 m) adaptées à des perchistes de masse respective 75 et 68 kg.

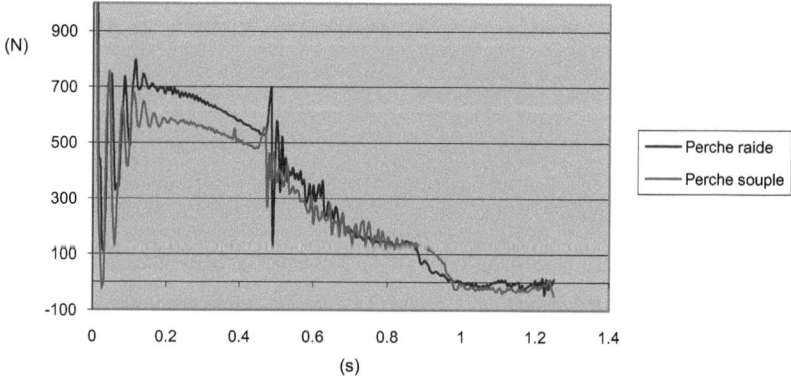

Figure 1.28 : Influence de la rigidité de flexion sur F_x

On observe une nette augmentation de la composante x de la force exercée dans le butoir par le système perche – perchiste lorsque le saut est effectué avec une perche raide. En fait, on constate que plus la rigidité de la perche est élevée, plus la réaction du butoir sur l'extrémité de la perche sera importante donc plus le perchiste aura tendance a être freiné.

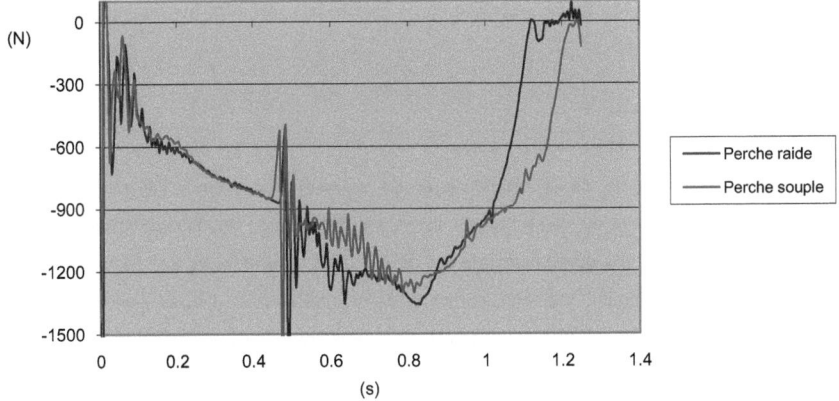

Figure 1.29 : Influence de la rigidité de flexion sur F_z

En ce qui concerne la composante selon la direction verticale (O, z) de la force appliquée dans le butoir (F_z), les conclusions sont différentes. En effet, la figure 1.29 illustre une évolution similaire de F_z pour les deux perches dans la première partie du saut, où le perchiste cherche à emmagasiner dans sa perche la plus grande énergie de déformation. Dans la seconde partie du saut où le perchiste profite de l'énergie stockée dans la perche, l'utilisation d'une perche plus souple engendrera un redressement de la perche moins rapide qui est alors caractérisé par la pente moins prononcée de F_z.

En conclusion, on peut supposer que F_x dépend essentiellement de la rigidité de la perche et caractérise la force de freinage que subit le perchiste et que F_z est caractéristique du mouvement du perchiste et semble moins dépendant des caractéristiques mécaniques de la perche (notamment dans la première phase du saut, t < 0.8 s).

4.5 Amélioration du geste

Le paragraphe suivant propose un principe permettant de rendre compte de manière qualitative de la performance du perchiste. Le principe de la dynamique segmentaire repose sur un modèle multicorps de l'athlète où chaque segment est représenté par un solide indéformable.

Ainsi, la force générée lors de l'appui direct d'un athlète sur le sol ou par l'intermédiaire d'une structure déformable résulte de l'accélération de chacun des segments par rapport au référentiel d'étude.

Tout mouvement de solides indéformables sur la terre est régi par les équations de la mécanique Newtonienne (théorème de la résultante et du moment dynamique). Par conséquent, une modélisation multicorps du corps humain permettra d'appliquer ces équations pour les gestes sportifs. Ainsi, les efforts développés lors des appuis directs ou indirects avec le sol sont liés au mouvement des différents segments corporels dans le référentiel d'étude galiléen. En ce qui concerne les forces mis en jeu, elles dépendent des accélérations du centre de gravité du sportif, elles même reliées à celle des centres de gravité des différents segments corporels par une relation barycentrique.

Les moments développés sont pour leur part liés à l'évolution du moment dynamique du sportif en son centre de gravité et au terme de transfert faisant intervenir la distance entre le point de calcul du moment et le centre de gravité ainsi que les accélérations du centre de gravité dans le référentiel galiléen.

En conclusion, la dynamique de chaque segment intervient dans les efforts mis en jeu au cours d'une activité sportive. En outre, les segments libres ont la capacité de générer des accélérations importantes comparativement aux segments contraints ou liés et leur part dans l'effort développé est souvent primordial bien que leur masse soit faible. A titre d'exemple, la force exercée par les bras lors d'une détente verticale est aussi importante que celle généré par les jambes.

Afin d'optimiser qualitativement le geste au saut à la perche, les principes de la dynamique segmentaire ont été appliqués pour proposer les bases d'un mouvement idéal. On a pu constater au cours de l'étude que les efforts développés par le perchiste sur la perche dépendaient en partie des caractéristiques mécaniques de la perche. On se propose donc dans ce paragraphe d'optimiser les mouvements du perchiste dans le référentiel relatif attaché à la perche.

La problématique du saut à la perche peut s'énoncer comme suit : « connaissant les conditions initiales en vitesse et en position du centre de gravité du perchiste, le mouvement idéal de l'athlète est celui qui produira la force selon l'axe (O, z) et le moment autour de l'axe (O, y) les plus importants pour une perche donnée ».

En outre, les principaux segments moteurs au saut à la perche sont les segments inférieurs, en effet, les segments supérieurs sont liés à la perche et ne peuvent générer des accélérations importantes dans le référentiel relatif. En fait, les bras transmettent à la perche la force due aux accélérations du bas du corps. Ainsi, un balancer et un grouper dynamique sont liés à la faculté des segments inférieurs du perchiste à s'accélérer dans la direction verticale (O, z) permettant alors de développer une force maximale sur la perche. Parallèlement, un moment maximal doit être exercé dans la direction (O, y) par le perchiste sur la perche. Ce moment est lié d'une part au moment dynamique du perchiste en son centre de gravité et d'autre part au terme de transfert. De plus, on a put constater que le terme de transfert est le terme prépondérant sur le moment dynamique dans le calcul du moment exercé sur la perche par le perchiste en un point de la perche situé entre les mains du perchiste (figure 1.30).

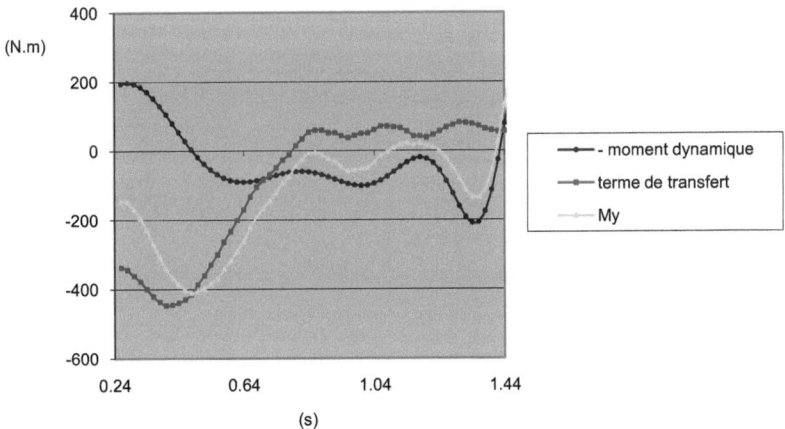

Figure 1.30 : Importance du terme de transfert dans le moment appliqué sur la perche

Le perchiste a donc intérêt d'écarter le plus son centre de gravité de la perche afin d'augmenter le moment appliqué sur la perche. Pour se faire, il doit rester les bras tendus lors de l'exécution du balancer.

Enfin, l'ensemble des gestes du perchiste sur la perche doit être synchronisé avec les mouvements de l'extrémité de la perche dans le butoir. Les meilleurs perchistes ont alors la faculté de gérer ces mouvements de la perche lors de leurs sauts.

En conclusion, cette étude expérimentale du saut à la perche a permis de quantifier les paramètres mécaniques influençant la performance et a souligné l'importance de mesurer à la fois la cinématique du sportif mais aussi les efforts exercés par ce dernier au niveau de ses appuis. De même, l'étude a montré l'importance des moments mis en jeu au cours du mouvement : l'utilisation du concept de torseur dans la mécanique permet alors de transporter les 2 entités d'un effort que sont la force et le moment. Enfin, le principe de la dynamique segmentaire permet une meilleure compréhension du geste et une optimisation qualitative de la performance.

Néanmoins, des améliorations peuvent être apportées sur les outils de mesure. L'utilisation de caméras rapides (200 à 500 images par secondes) ouvrirait ainsi de nouvelles perspectives d'études, notamment sur les phases rapides du mouvement (phase d'impulsion). En outre, ces mêmes phénomènes de dynamique rapide ont sensiblement perturbé les mesures dynamométriques. Il serait alors intéressant d'adapter le dynamometre existant afin d'augmenter nettement sa bande passante (dimension de la plaque supérieure plus faible, utilisation de capteurs piezos).

Enfin, l'étude comparative d'un même perchiste utilisant des perches différentes a permis de mettre en évidence l'influence de la structure de la perche sur les efforts développés et donc sur la performance. Il semble donc indispensable de déterminer les caractéristiques mécaniques des perches de saut. Le paragraphe 5 sera donc consacré à cette étude.

5. Caractérisation de la perche par méthode de recalage

5.1 Modélisation

Les méthodes de recalage permettent, en comparant les résultats obtenus à partir d'essais expérimentaux à ceux déterminés par des méthodes numériques (éléments finis), d'établir les caractéristiques mécaniques locales d'une structure [Swi1997]. Pour ce faire, il est indispensable, dans un premier temps, de modéliser la structure. En outre, les essais expérimentaux devront permettre la mesure des degrés de liberté du modèle précédemment défini. Enfin, une méthode d'optimisation numérique permettra de faire tendre les résultats issus de la méthode par éléments finis vers ceux établis expérimentalement en minimisant une fonction objectif correctement définie.

Le choix du modèle utilisé pour la perche est intimement lié aux mesures expérimentales pouvant être réalisées. En effet, plus le modèle sera complexe, plus l'expérimentation à mettre en œuvre nécessitera des moyens importants. Enfin, l'expérimentation devra permettre de mesurer les degrés de liberté du modèle de façon simple : un essai de flexion deux appuis avec chargement central permet de répondre à ces contraintes. Cette méthode de recalage a permis de déterminer les rigidités de flexion locales de deux perches de saut : la première est une perche récente de marque SPIRIT, la seconde, un perche plus ancienne de marque CATAPOLE.

Le modèle éléments finis de la perche a été réalisée à partir d'une poutre 2D de BERNOULLI. La structure étant fortement élancée, l'influence des efforts de cisaillement n'est pas prise en compte dans le modèle choisi car la mesure de ce degré de liberté n'est pas aisée. On distingue les déplacements nodaux notés $v(i)$ et les rotations notées $\varphi(i)$. Le vecteur des déplacements nodaux ou degrés de liberté d'une structure constituée de n poutres élémentaires peut s'écrire de la manière suivante :

$$q = \begin{Bmatrix} v(1) \\ \varphi(1) \\ ... \\ v(n) \\ \varphi(n) \end{Bmatrix}, \text{ la structure possédant alors } 2n \text{ degrés de liberté.}$$

Une fois le modèle élémentaire défini, il convient de discrétiser la structure en un certain nombre d'éléments. Les perches de saut ayant une longueur importante, de presque 5 mètres, le nombre d'éléments choisis pour cette étude est compris entre 20 et 30 suivant les perches recalées. Il est en outre nécessaire d'avoir un nombre n d'éléments pairs (nombre de nœuds $n+1$ par conséquent impair) afin de pouvoir appliquer une charge sur le nœud central de la structure. Les essais expérimentaux permettent d'obtenir les données de base au recalage de la structure. La qualité des mesures va conditionner de manière importante les résultats du recalage. En outre, les mesures expérimentales doivent permettre d'appréhender les degrés de liberté du modèle. Pour notre étude, un essai de flexion entre deux appuis ponctuels a permis la mesure des déplacements nodaux de la structure soumise à une charge placée en son centre.

5.2 Protocole expérimental

Afin de réaliser un essai de flexion deux points, une structure aluminium composée de deux règles de maçon fut fixée en ses extrémités sur deux tréteaux. Les règles d'aluminium ont constitué la référence des mesures : en effet, elles ont alors permis de guider un comparateur au-dessus de la structure et de mesurer ainsi les déplacements verticaux des différents nœuds de cette structure par rapport à la ligne de référence. Les deux extrémités de la perche furent alors posées en appui ponctuel alors qu'une charge de quelques kilogrammes (pour rester dans les hypothèses d'élasticité linéaire) fut appliquée sur le nœud central de la structure.

Le dispositif expérimental a permis de réaliser deux types d'essais :
- Essai de flexion par tronçons afin d'estimer l'évolution des rigidités de flexion le long de la perche ;
- Essai de flexion global afin de mesurer les déplacements nodaux de la structure sous son propre poids et sous l'effet d'une charge placée sur le nœud central.

Une estimation de l'évolution des rigidités de flexion EI le long de la perche est nécessaire pour initier l'algorithme de recalage. Pour cette raison, des essais de flexion par tronçons ont été réalisés sur des morceaux de perche de 1,268 mètres. Des calculs analytiques préliminaires (équation 5-1) ont permis de déterminer une charge à appliquer de 400 N afin d'obtenir des déplacements conséquents au centre de la structure (de l'ordre du centimètre). La perche a été alors partagée en 8 tronçons possédant des parties communes.

En outre, l'action mécanique d'un câble sur la partie non sollicitée permet de compenser le moment généré au niveau des appuis. On remarque cependant que la prise en compte de ce moment influence peu les résultats obtenus sur les déplacements (un calcul éléments finis indique que dans le pire des cas les déplacements du nœud central différent de 10 % entre le modèle avec moment à l'appui et celui sans).

Enfin, un calcul analytique simple pour une poutre homogène en flexion entre deux appuis et chargement central permet de déterminer la rigidité de flexion supposée constante du tronçon considéré :

$$v = -\frac{Fl^3}{48\,EI}$$ où F est la force appliquée, v la flèche au centre, et l la distance entre les appuis.

La figure 1.31 présente les résultats obtenus pour une perche SPIRIT, une interpolation polynomiale de la courbe expérimentale a ensuite permis de faire une approximation des rigidités de flexion initiales EI_0 de chaque élément du modèle éléments finis.

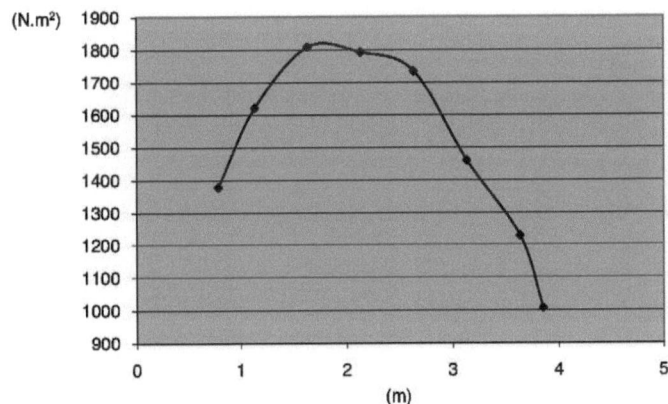

Figure 1.31 : Estimation de l'évolution des EI_0 le long de la perche

On constate que la perche est sensiblement renforcée en son centre. De plus, l'ordre de grandeur des rigidités de flexion correspond à celui rencontré dans la littérature scientifique, à savoir 2000 Nm².

5.3 Méthode numérique de recalage

Les méthodes de recalage font appel d'une part à la méthode des éléments finis pour déterminer les déplacements numériques de la structure soumise à des conditions limites (appuis) et à un chargement, mais aussi à des méthodes mathématiques d'optimisation pour déterminer les rigidités de flexion locales qui feront correspondre les déplacements numériques à ceux expérimentaux.

5.3.1 Hypothèses du modèle éléments finis

Le problème à résoudre numériquement est celui d'une poutre droite chargée en son centre par une masse et dont les extrémités reposent sur des appuis ponctuels. Les chargements seront effectués afin de rester dans les hypothèses des petits déplacements et de pouvoir appliquer les lois de l'élasticité linéaire. Ainsi, en raison de la longueur de la structure, une force de 40 N a été appliquée. De plus, pour prendre en compte les déformations engendrées par le poids propre de la structure, on supposera que les déplacements nodaux dus à la masse m peuvent s'écrire comme la différence entre les déplacements globaux sous l'action de la masse moins les déplacements résultant du poids propre de la structure.

On considérera donc les déplacements expérimentaux v_{exp} à recaler comme étant la différence de ceux mesurés sous la force $F=mg$ et ceux mesurés sans cette force (on aura choisi auparavant le plan défini par les deux guides comme plan d'origine) :

$$v_{exp} = v_{exp}^F - v_{exp}^0$$

Cette hypothèse permet alors de ne plus tenir compte du poids propre des poutres élémentaires dans le modèle éléments finis. La perche de longueur L est alors modélisée par n poutres élémentaires de rigidité de flexion $\vec{EI}_{i,y}$ de longueur $l = L/n$. Par souci de commodité, on choisira un nombre d'éléments pairs afin de pouvoir appliquer la charge F au centre de la structure.

5.3.2 Principe de la méthode d'optimisation

L'algorithme utilisé dans l'étude numérique de la perche est effectué à partir d'une des méthodes du gradient. Ces méthodes consistent à progresser selon des directions opposées au gradient de la fonction objectif (fonction que l'on cherche à minimiser) au point courant. Le schéma général s'écrit : $x^{k+1} = x^k - \tau^k \vec{\nabla f}(x^k)$ où x^k est le paramètre recherché

Les méthodes de résolution diffèrent dans la manière de calculer le pas τ^k. La méthode la plus utilisée est *la méthode de la plus grande pente* qui est une méthode itérative d'optimisation non linéaire sans contrainte. Le pas τ^k est calculé par recherche linéaire pour minimiser la fonction objectif le long de $z^k = -\vec{\nabla f}(EI^k)$.

La procédure générale est la suivante :

- Initialisation : $x_0 = EI_0$, k=0 ;
- Calcul de la direction : $z^k = -\vec{\nabla f}(x^k)$;
- Recherche linéaire : calcul de τ^k tel que $f(x^k + \tau^k z^k) = \min_{\tau>0}[f(x^k + \tau z^k)]$;
- $x^{k+1} = x^k + \tau^k z^k$;
- Test d'arrêt.

Le vecteur z^k correspond au gradient de $f(EI^k)$ c'est à dire aux dérivées de $f(EI^k)$ par rapport aux $\{EI_i\}_{1 \leq i \leq n-1}$. La fonction $f(EI^k)$ correspond à la norme choisie pour $(v_{exp} - v_{num})$.

$$f(EI^k) = \frac{1}{2} \sum_{i=1}^{n} (v_{exp}(i) - v_{num}(i))^2$$

Le but de la recherche linéaire est de définir τ^k tel que $f(EI^k + \tau^k z^k) = \min_{\tau>0}\left\{ f(EI^k + \tau z^k) \right\}$

avec τ : scalaire définissant le pas de progression à effectuer suivant la direction z^k.

Les algorithmes de recherche linéaire sont assez nombreux. Notre choix s'est posé sur l'interpolation quadratique qui est un bon compromis entre la difficulté de résolution de l'algorithme et la précision des résultats.

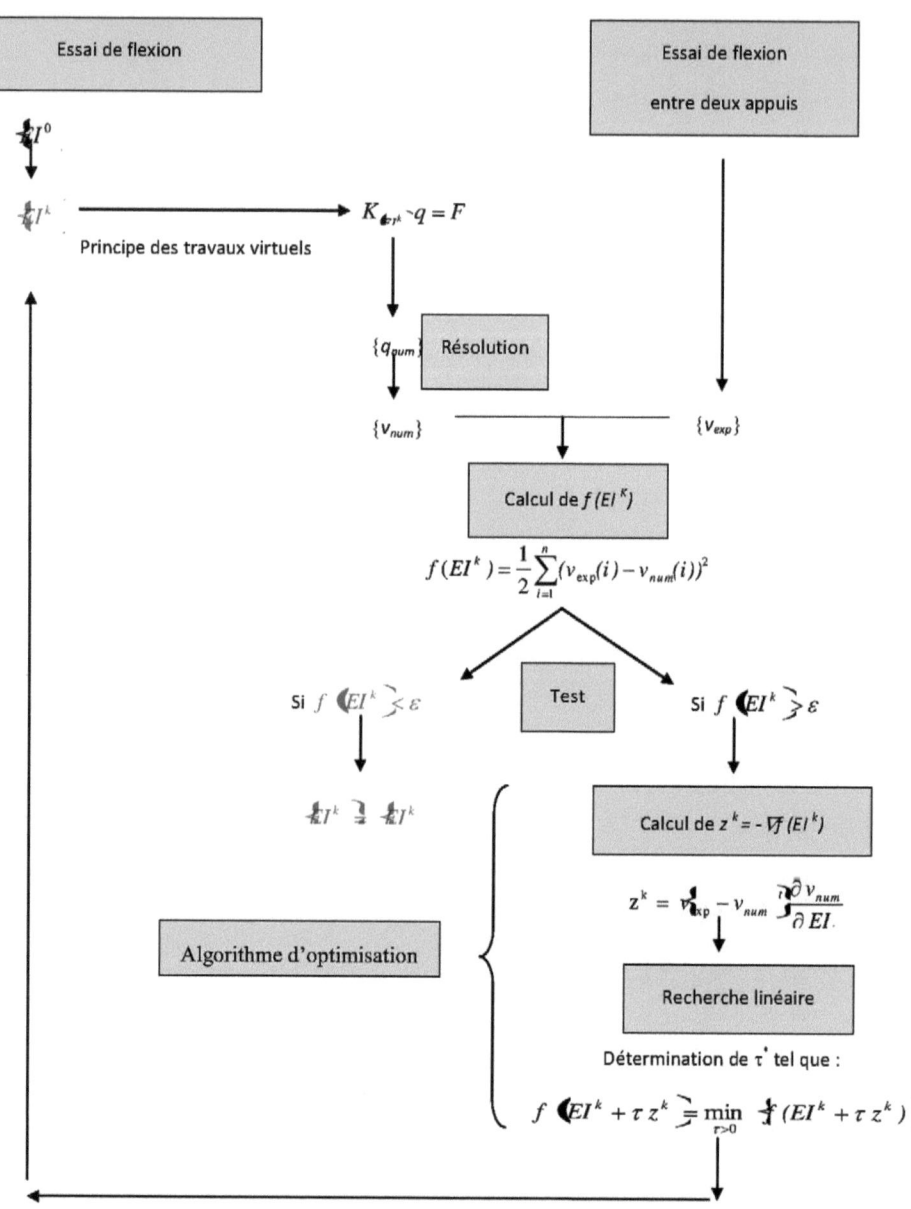

Figure 1.32 : Algorithme de recalage

5.4 Etude de sensibilité de la méthode de recalage

Il semble important de tester la sensibilité de la méthode de recalage statique. En effet une méthode de recalage n'est pas pertinente si elle se montre trop sensible aux différents paramètres d'entrée :

- Nombre d'éléments du modèle numérique ;
- Vecteur des rigidités de flexion initial $\vec{EI}_{0}$;
- Valeur des déplacements expérimentaux ;
- Valeur du test d'arrêt ε.

5.4.1 Nombre d'éléments du modèle

Le test de sensibilité concernant le nombre d'éléments du modèle a été réalisé sur la perche SPIRIT. Quatre modèles différents ont ainsi permis de recaler les caractéristiques statiques de la perche, comprenant respectivement : 6, 8, 10 et 20 éléments. L'observation des résultats, figure 1.33, permet de constater une stabilisation des résultats à partir du modèle possédant 10 éléments. En effet, une dispersion trop importante apparaît sur les modèles plus simples.

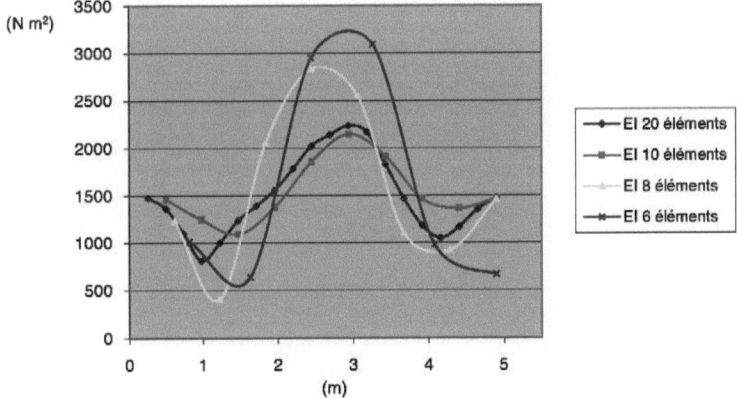

Figure 1.33 : Sensibilité du recalage par rapport au nombre d'éléments du modèle

On peut alors estimer qu'un modèle comprenant 20 éléments est satisfaisant pour obtenir un recalage précis et stable. Les deux perches ont donc été recalées statiquement à partir d'un modèle comprenant 20 éléments (SPIRIT) et 30 éléments (CATAPOLE).

5.4.2 Vecteur des rigidités de flexion initial $\vec{EI_0}$

Le vecteur $\vec{EI_0}$ est le paramètre primordial de la méthode de recalage. En effet, l'algorithme de d'optimisation ne possède pas une solution unique, il est alors essentiel de ne pas initialiser le processus avec une solution trop éloignée sinon on risque de ne pas converger vers la solution physique. L'étude de sensibilité a été effectuée sur la perche SPIRIT modélisé avec 20 éléments, en choisissant 3 rigidités de flexion initiale constante (EI_0) différentes mais relativement proches de la rigidité de flexion moyenne de la perche (1500 Nm²) : $EI_0^1 = 1000\,Nm^2$; $EI_0^2 = 1500\,Nm^2$ et $EI_0^3 = 2000\,Nm^2$.

Les résultats obtenus sont présentés sur la figure 1.34 et mettent en avant une sensibilité peu élevée du recalage par rapport à la rigidité de flexion initiale.

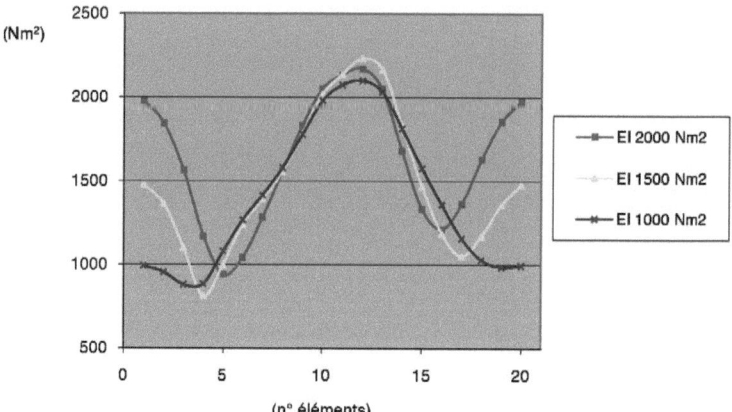

Figure 1.34 : Sensibilité du recalage par rapport à EI_0

On constate sur la figure précédente que la rigidité de flexion initiale influence peu le recalage dans le domaine de validité de la méthode. En dehors, les dispersions sont grandes en raison des insuffisances déjà exposées. Une estimation de EI_0 à partir de la valeur analytique de la rigidité de flexion en supposant la perche homogène permet de converger vers une solution cohérente. Cependant, une estimation plus précise par morceaux (figure 1.35) améliorera sensiblement le recalage, notamment pour des poutres non homogènes.

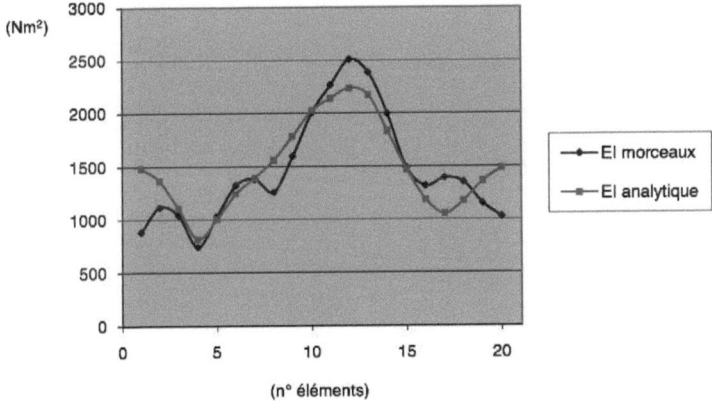

Figure 1.35 : Amélioration du recalage avec un EI_0 mieux estimé

Les résultats du recalage sont sensiblement améliorés notamment sur les bords du modèle, car l'estimation initiale de l'évolution de la rigidité de flexion le long de la perche est plus précise.

5.4.3 Déplacements expérimentaux

Il est indispensable de quantifier l'influence des incertitudes expérimentales sur les résultats du recalage. En effet, un algorithme produisant des variations importantes sur les EI recalés pour des déplacements expérimentaux distants du domaine de l'erreur de mesure ne serait pas satisfaisant. Afin de quantifier la sensibilité des mesures expérimentales sur le recalage, des perturbations ont été introduites sur des déplacements expérimentaux évalués sur la perche CATAPOLE, lors de l'essai de flexion.

L'amplitude des perturbations est choisie dans le domaine de l'erreur de mesure : de l'ordre du millimètre. Ainsi, deux recalages ont été réalisés : l'un à partir des mesures réelles et l'autre à partir des mesures perturbées. La valeur du test d'arrêt ε ainsi que le vecteur initial des rigidités de flexion $\overrightarrow{EI}_0$ furent identiques pour les deux recalages entrepris.

Ensuite, les écarts relatifs en % entre les déplacements expérimentaux et ceux perturbés ont été calculés (figure 1.36) de même que ceux entre les rigidités de flexion locales ainsi recalées (figure 1.37).

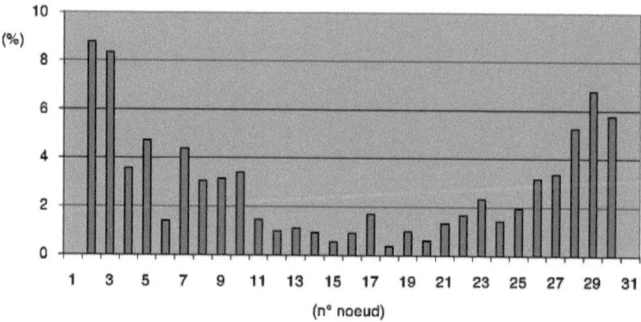

Figure 1.36 :   Ecarts relatifs sur les déplacements

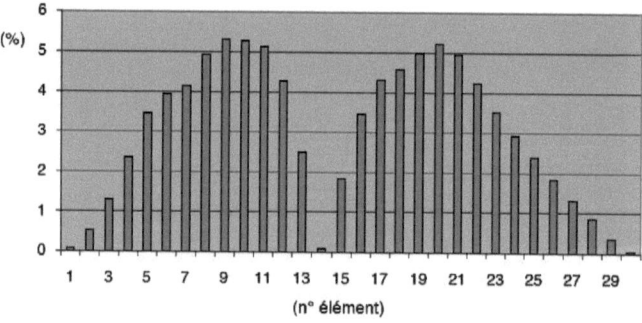

Figure 1.37 :   Ecarts relatifs sur les rigidités de flexion

La comparaison des figures précdentes met en avant la linéarité de l'algorithme de recalage par rapport aux mesures expérimentales. En effet, pour une différence relative sur les déplacements de l'ordre de 5 %, l'écart sur les rigidités de flexion sera sensiblement du même ordre de grandeur. Ceci permet d'affirmer que la sensibilité de la méthode de recalage statique par rapport aux mesures expérimentales est acceptable.

5.4.4 Valeur du test d'arrêt

La valeur du test d'arrêt ε de l'algorithme d'optimisation peut aussi modifier les résultats du recalage. Le choix de cette valeur est dicté par la précision des mesures, on peut en effet essayer de faire converger le recalage avec une précision plus fine que celle réelle mais les incertitudes alors obtenues ne sauront pas forcement améliorées. Dans notre cas, la valeur de ε est de 10^{-5} conformément à l'équation 5-30 qui détermine la valeur du test d'arrêt. Deux valeurs du test d'arrêt, respectivement 10^{-5} et 5.10^{-6}, ont été choisies lors de cette étude. La première valeur correspond à la valeur théorique, la seconde permet un recalage plus fin sur les déplacements nodaux. Les écarts en % obtenus entre les rigidités de flexion recalées sont présentés sur la figure 1.38.

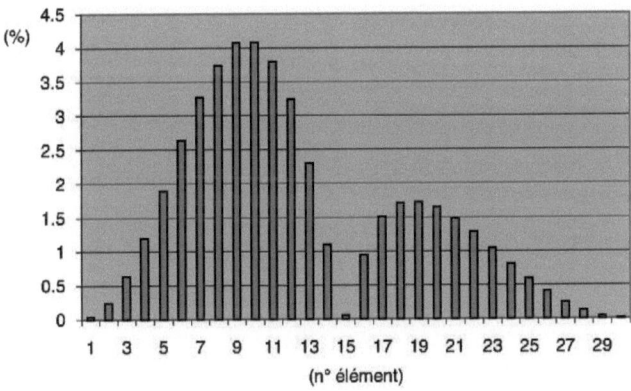

Figure 1.38 : Ecart entre les EI recalés pour deux valeurs du test d'arrêt

On observe une différence faible sur les résultats obtenus, ce qui minimise l'influence du test d'arrêt sur le recalage. Néanmoins, la valeur déterminée en considérant l'incertitude de mesure semble bien adaptée à notre problème. En outre, une valeur trop faible du test d'arrêt ne garantie pas la convergence de l'algorithme.

5.5 Résultats

Deux perches, dont les caractéristiques mécaniques sont différentes en raison de leur année de fabrication, ont été recalées en utilisant l'algorithme détaillé sur la figure 1.32. La première perche est une perche en fibre de verre de marque CATAPOLE de longueur 4,5 mètres et relativement ancienne puisque datant du milieu des années 1980. La seconde est une perche de saut de conception récente de marque SPIRIT, en verre époxy et de longueur 5 mètres. Le choix de deux perches de générations différentes a, en outre, permis de constater l'évolution du mode de fabrication des perches de saut en matériaux composites.

Les résultats obtenus pour les deux perches apparaissent sur la figure 1.39 et rendent compte des différences de conception de ces deux perches.

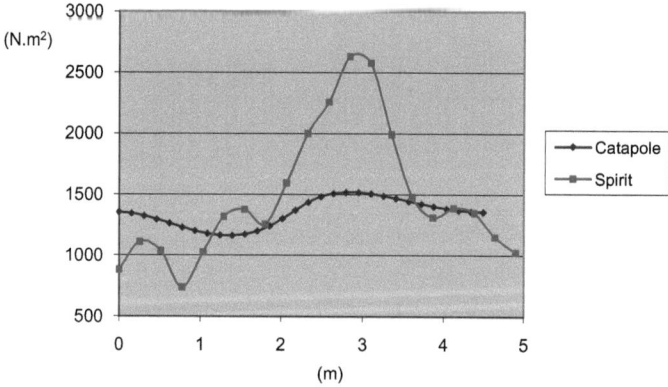

Figure 1.39 : Recalage statique des perches SPIRIT et CATAPOLE

On observe sur la figure précédente une évolution des rigidités de flexion tout à fait distincte entre les deux perches. En effet, la perche la plus ancienne (CATAPOLE) peut être assimilée à une poutre homogène : les rigidités de flexion locales évoluent peu le long de la structure, elles restent comprises entre 1150 et 1550 Nm². En revanche, la conception de la perche SPIRIT essaie d'optimiser l'évolution des rigidités de flexion en renforçant la structure dans sa partie centrale où l'énergie de déformation maximale est emmagasinée.

Ces remarques permettent d'apprécier l'évolution des conceptions des perches de saut en matériaux composites au cours des années 1980 et 1990. En effet, dans un premier temps, les constructeurs n'ont utilisé que les caractéristiques intrinsèques du matériau (déformation importante supportée, amortissement faible, ...) en concevant des perches homogènes (CATAPOLE). Par la suite, une optimisation de la forme de la structure a été entreprise en renforçant la partie centrale ce qui a permis d'augmenter l'énergie de déformation stockée dans la première phase du saut. En outre, le point de flexion de la perche peut être déplacé le long de la structure en modifiant l'évolution des rigidités de flexion. La perche SPIRIT possède, par exemple, un point de flexion légèrement positionné vers son extrémité supérieure. La méthode de recalage statique fournit des renseignements intéressants sur les perches étudiées : rigidité de flexion locale, évolution des processus de fabrication, quantification des différences entre plusieurs perches. De plus, l'algorithme d'optimisation se montre stable et relativement peu sensible aux paramètres d'entrée. Cependant, il possède quelques insuffisances : effets de bords importants sur les trois premiers et trois derniers éléments, premier et dernier éléments non recalés et modèle ne prenant pas en compte les efforts tranchants.

Il semble donc important de pouvoir améliorer la méthode. Pour ce faire, il est nécessaire de pouvoir mesurer de manière précise les rotations des différents nœuds et de procéder alors au recalage des deux degrés de liberté du modèle (modification de la fonction objectif). Cette modification permettrait de recaler le premier et le dernier élément de la structure. La principale difficulté réside dans la mesure expérimentale des rotations. De même, la prise en compte des efforts tranchants (non négligeable pour les poutres creuses) nécessite de modifier la partie expérimentale et le modèle mécanique. Le changement engendré sur l'algorithme numérique repose uniquement sur la prise en compte des degrés de liberté dans la fonction objectif.

BIBLIOGRAPHIE

[Abd1971] Abdel-Aziz Y.I., Karara H.M. Direct linear transformation from comparator coordinates into object space coordinates in close-range photogrammetry. *Proceedings of the Symposium on Close Range Photogrammetry,* 1-18, 1971

[Del1993] De Leva P. Validity and accuracy of four methods for locating the center of mass of young male and female athletes, *ISB 93 Paris* I, 318-319, 1993

[McG1983] Mac Ginnis P.M. The inverse dynamics problem in pole vaulting. *Medecine and Science in Sports and Exercice* 15, 112, 1983

[Swi1997] Swider, P., Lacroix, J. Parametric optimization of composite structures. Application to alpine skis. *Communications in Numerical Methods in Engineerings,* 13, 139-149, 1997

[Sha1978] Shapiro R. Direct linear transformation method for three-dimensional cinematography. *The Research Quaterly* 49, 197-205, 1978

[VGh1978] Van Gheluwe B. Computerized three dimensional cinematography for any arbitrary camera setup. *International Seminar on Biomechanics, Biomechanics* VI-A, 343-348, 1978

[Wol1986] Woltring H. J. A fortran package for generalized cross validatory spline smoothing and differentiation. *Advances in Engineering Software* 8, 104-113, 1986

[Zat1983] Zatsiorsky V., Sekuyanov V. Estimation of the mass and inertia characteristics of the human body by means of the bast predictive regression equations. *Biomechanics* IX-B, *Human Kinetics,* 233-239, 1983

MODELISATION DU COMPORTEMENT DU CLUB DE GOLF PENDANT LE SWING

PUBLICATIONS

DEA

[Har1999] Haramburu E., Analyse dynamique du swing de golf, DEA de Mécanique, Université Bordeaux 1, 1999

[Cap2003] Capeyran R., Analyse biomécanique du swing de golf, DEA STAPS, Université Bordeaux 2, 2003

Articles

[Morl2007] Morlier J., Mesnard M. & Cid M. Dynamic simulation of golf-swing: an analysis of the bending moment in downswing. *Russian Journal of Biomechanics,* 10 (1), 35-43, 2007

1. Introduction

Le domaine du golf utilise des termes anglo-saxons qu'il convient d'introduire au début de ce rapport. Ce vocabulaire est spécifique au matériel et au geste de golf.

Le joueur de golf utilise un "club" pour frapper la balle. On décompose le club en trois parties : la tête qui percute la balle, le "shaft" ou manche et le "grip" où l'on place les mains.

Le mouvement d'ensemble du golfeur pour les coups de départ ou d'approche est appelé "swing". Ce geste est exécuté en trois phases très distinctes présentées sur la figure 2.1 :

- Le "backswing" ou "la montée". Ce geste correspond à l'amorçage du mouvement, c'est une préparation au lancer. En pratique, le joueur monte le club au-dessus de sa tête à partir d'une position de départ devant la balle appelé "adresse". La durée du backswing est inférieure à la seconde.

- Le "downswing" correspond à la phase de lancé proprement dite qui précède l'impact et peut être aussi appelée "la descente". En théorie, le chemin emprunté par le club est le même qu'à la montée. En terme de dynamique, ce mouvement est fortement accéléré : en quelques dixièmes de seconde, la tête de club passe d'une vitesse quasi nulle à une vitesse avant impact pouvant dépasser les 150 km/h.

- Le follow-through. Cette étape comprend la décélération du mouvement jusqu'à la position statique finale appelée "finish". Par abus de langage, on confondra le terme de finish et de follow-through.

Figure 2.1 : Décomposition du swing de golf

L'étude de LE FICHOUX [Fic1997] fait référence en matière de simulation du comportement du club de golf pendant le swing. Son objectif est de simuler numériquement l'état de contrainte et de déformation dans le club de golf pendant l'exécution du swing par un robot testeur et par un golfeur de bon niveau. LE FICHOUX applique dans ces calculs un modèle de double pendule plan par analogie avec le mouvement du robot. Le modèle est piloté par les lois horaires en déplacement angulaire du robot testeur et par leurs équivalents issus de l'analyse vidéo du swing du joueur. Une validation a pu être faite entre la simulation numérique et la simulation réelle sur le robot.

Notre objectif est de remonter numériquement à ce même état de contrainte et de déformation du club de golf pendant l'exécution d'un swing réel. Le modèle sera alors piloté par des angles issus d'une analyse vidéo tridimensionnelle d'un swing réel. L'amélioration est donc apportée par cette analyse plus fine de la cinématique où on utilise des techniques de reconstruction volumique 2D/3D. Elle le sera aussi par la représentation du swing qui sera introduite sous forme d'un triple pendule plan qui en fait correspond mieux, à notre avis, au mouvement réel des bras.

2. Méthode expérimentale

L'objectif de l'étude expérimentale du swing est d'analyser la cinématique 3D d'un geste réel afin d'obtenir les lois de pilotage angulaire qui pourront être implémentées dans le modèle numérique. Le repère d'étude est présenté sur la figure 2.2, y correspond à l'axe du jeu, x est l'axe transverse et z est l'axe vertical ascendant.

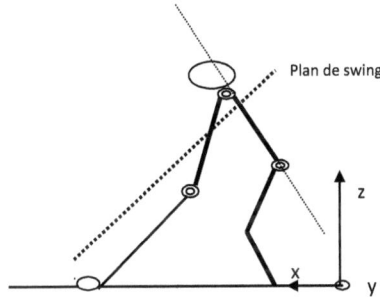

Figure 2.2 : Définition du repère d'étude

Les données cinématiques sont issues de la reconstruction 3D du mouvement d'un golfeur : en cela, cette étude apporte un complément par rapport au travail de LE FICHOUX qui a été effectué sur la base d'une cinématique relevée sur un simple enregistrement vidéo 2D. Les résultats obtenus sur chaque golfeur sont ensuite injectés dans des modèles de simulation de swing plus ou moins complexes. Ainsi le modèle de bi-pendule plan [Wil1967], de triple pendule plan [Cam1985], sont testés et comparés.

La reconstruction 3D est effectuée par DLT à partir des informations recueillies sur 2 caméras numériques. Les séquences sont tournées en vidéo professionnelle (BETACAM) à la fréquence de 50 trames par seconde dans un studio d'enregistrement équipé d'un filet pour stopper la balle après la frappe. Afin d'obtenir une netteté maximale lors des arrêts sur images, l'obturation des caméras est réglé à 1000 Hz. Un soin très particulier est apporté à l'éclairage en raison de la nature très rapide du geste.

Le principe de la DLT exige que les points de vue des caméras soient distincts avec un angle minimal d'une quarantaine de degré entre les axes optiques des caméras afin de bien conditionner les matrices de reconstruction.

En effet, même si en théorie la proximité n'empêche pas la résolution analytique des systèmes d'équation, les calculs numériques y sont eux beaucoup plus sensibles. Nous avons donc choisi de placer les deux caméras telles que les axes optiques forment un angle d'environ 90°. Ce choix a de plus été fait de telle sorte qu'il soit possible de suivre avec les deux caméras l'ensemble des marqueurs placés sur le golfeur et sur le club pendant l'exécution du swing.

Un modèle multicorps rigides comprenant 19 marqueurs (15 pour le golfeur et 4 pour le club) est mis en place et présenté sur la figure 2.3

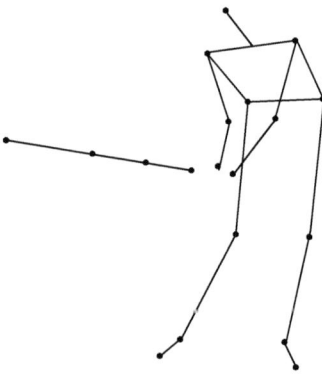

Figure 2.3 : Définition des marqueurs cinématiques

Finalement, en pratique, les positions successives des segments sont analysées sur chaque trame pour les deux champs de caméra en pointant sur chacun des marqueurs du modèle. On capture ainsi l'évolution des coordonnées de chaque point dans les deux plans de numérisation.

L'application SPORTLAB effectue l'ensemble des calculs numériques appliquant le principe de la DLT à partir des fichiers de coordonnées jusqu'à finalement effectuer le stockage de l'évolution des coordonnées (x,y,z) données dans le repère de référence. On accède alors par l'intermédiaire d'une interface 3D à une représentation des déplacements nodaux de la structure. L'accès complet à la cinématique du geste se fait ensuite par dérivation numérique de ces champs de déplacement.

Les techniques d'optimisation sont alors appliquées sous forme de recalage des distances inter-nodales. L'algorithme d'optimisation est programmé sous forme d'une procédure qui recale les normes des segments issues de la reconstruction 3D sur les longueurs réelles relevées pour les joueurs et le club de golf, en minimisant la dispersion des longueurs au sens des moindres carrés discrets. On relève pour chacun des sportifs les mensurations correspondant aux distances nodales du modèle anthropologique. Les segments les moins mobiles ont avant l'optimisation des longueurs déjà très homogènes dues à une bonne précision lors de la capture des points du maillage et le recalage n'amène alors aucune amélioration significative. C'est le cas des membres inférieurs.

En fait, les irrégularités concernent les membres supérieurs car Ils sont susceptibles d'être masqués et les vitesses nodales sont élevées lors de la phase de downswing. Le recalage a alors un intérêt majeur et minimise les dispersions. Il contribue de manière significative à l'optimisation des différentes lois de pilotage des modèles numériques qui seront extraites par la suite.

3. Simulation numériques des déformations du club

Depuis les années 1970, différents types de modèles de simulation de swing ont été développés en s'appuyant sur des lois cinématiques issues de l'expérimentation. Le plus utilisé est le double pendule plan présenté pour la première fois par WILLIAMS [Wil1967], et repris par de nombreux auteurs par la suite. Les propriétés mécaniques du modèle sont celles du club et d'un ensemble représentant le bras et une partie du buste. Cependant, la flexibilité du manche n'a été prise en compte que récemment grâce au développement des méthodes numériques et de l'approche variationnelle des éléments finis [Bry1994]. Des modèles plus complexes sont ensuite apparus : le triple pendule plan [Cam1985], le double pendule tridimensionnel [Fri1996]. La modélisation, qui va ici être utilisée, n'a donc rien de novatrice et l'intérêt de l'étude réside en fait dans l'intégration des données cinématiques issues de la reconstruction 3D pour les lois de pilotage des modèles. On s'attachera donc à montrer comment cette base de données doit être traitée et utilisée par rapport à la modélisation retenue.

3.1 Résolution du problème dynamique

L'analyse linéaire des structures se fait sous l'hypothèse des petites perturbations, dans le cadre de l'élasticité linéaire et telle que les conditions aux limites soient fixées. Si l'une de ces conditions n'est pas vérifiée, une analyse non linéaire doit être mise en place. Dans le cas du swing de golf, l'analyse dynamique est non linéaire géométrique, en grands déplacements et petites déformations. En effet, les équations du mouvement sont fortement non linéaires de par les fortes accélérations mais les relations contraintes déformations demeurent linéaires.

La méthode des éléments finis est utilisée au travers du module MECANO du logiciel SAMCEF. Elle fait intervenir :

- Des éléments de poutres (6 degrés de liberté par nœuds) admettant les grands déplacements et les grandes rotations. Ces éléments prennent en compte un coefficient d'amortissement caractéristique du matériau.
- Des éléments de corps rigides définis par leur masse et leurs propriétés d'inertie.
- Des éléments cinématiques permettant de modéliser des liaisons pivots à un degré de liberté de rotation. Ces pivots sont pilotés en angle par des fonctions du temps.

La résolution numérique se fait par intégration temporelle du problème variationnel sur le schéma implicite de NEWMARK. A chaque pas de temps, l'équilibre dynamique est satisfait au travers du résidu d'équilibre par la méthode de NEWTON-RAPHSON. Afin d'éviter la divergence numérique de la méthode, l'utilisateur se doit d'optimiser les paramètres du calcul. En pratique, cela consiste à effectuer une série de "crash test" sur la résolution numérique du problème en minimisant la valeur de ces réglages.

3.2 Modélisation du club

La démarche de construction des modèles est une démarche progressive dans le sens où on part d'un modèle de simple pendule pour compliquer le problème au fur et à mesure. Ceci se justifie car on sait de par les bibliographies que l'expérimentateur rencontre systématiquement des problèmes de divergence numérique.

3.2.1 Modèle du double pendule

La mise en place d'un pendule simple est la première étape de la modélisation. On introduit ainsi les caractéristiques géométriques et physiques du club de golf :

- La tête de club S_1 est modélisé par un corps rigide de masse M = 232 g et d'inertie I_{zz} = $4,65.10^{-4}$ kg.m²
- Le manche S_2 se présente comme un ensemble de 13 poutres déformables en acier E71 (module d'Young E = 210 GPa, masse volumique ρ = 2800 kg.m^{-3}). Les éléments de poutre ont une épaisseur constante de 0,82 mm mais sont de longueurs variables. Les 12 premiers éléments ont une longueur égale 1,5 inch soit 3,81 cm. Le dernier élément mesure 12 inch (soit 30,48 cm). Finalement la partie flexible mesure globalement 76,2cm et peut être vu comme une structure flexible à inertie variable. Ce modèle de manche est tiré des références d'un Bois n°1.
- Le "grip" S_3 (interface golfeur – matériel) est modélisé par un corps rigide représentant la main.

Le modèle est piloté en déplacement angulaire $\theta_1(t)$: il correspond à l'évolution de l'angle formé par les avant-bras et le club de golf relevé sur la reconstruction 3D des golfeurs.

Le pivot qui commande ce déplacement joue d'une certaine manière le rôle des poignets. Ce modèle simple permet donc d'effectuer tous les réglages nécessaires sur l'algorithme par rapport aux entrées du modèle de club.

On rajoute à l'ensemble précédent un corps rigide d'entraînement S_4 reproduisant les déplacements du segment [coudes – poignets] recalé. Le pilotage se fait avec la fonction $\theta_2(t)$ de l'angle bras/avant-bras.

D'un point de vue physique et géométrique, la masse et le moment d'inertie de cet élément sont relevés dans les tables anthropométriques de Dempster (tableau 2.1) ; sa longueur est prise égale à la moyenne issue de la distance inter nodale recalée. On se situe donc, à ce stade de la modélisation, dans le cadre d'une simulation par un double pendule plan. Le modèle ne reproduit pas encore la dynamique complète du swing et il reste à finalement introduire le segment représentant le mouvement de bras.

Segment	% masse corporell	Moment d'inertie transverse (kg.m^2)
Avant bras	0.016	0.0076
Bras	0.027	0.0213
Main	0.0066	0.0005

Tableau 2.1 : Tables anthropométriques de DEMPSTER

3.2.2 Modèle de triple pendule plan

Le modèle de triple pendule correspond à une réalité du mouvement : le déploiement progressif de chacun des segments (bras, avant-bras et club) dans la phase de downswing est une source de puissance pour le joueur. Le mécanisme associé à un modèle de swing doit donc inévitablement simuler ce qui est connu sous le nom de retard.

En pratique, le déploiement du swing est complexe car le downswing est amorcé par une première rotation des épaules qui entraîne l'ensemble bras, avant-bras et club dans une position quasi statique. On parle donc de retard sous-entendu du club par rapport à la rotation des épaules.

Le dernier mouvement d'entraînement se fait par l'intermédiaire d'un nouvel élément rigide S_5 dont les caractéristiques sont issues des tables anthropométriques et du recalage tridimensionnel. Par rapport à ce qui a été dit précédemment, les lois de pilotage doivent pouvoir commander la position du bras par rapport à la ligne d'épaule et le mouvement des épaules. Respectivement, ces lois horaires en déplacement angulaire sont notées $\theta_3(t)$ et $\theta_4(t)$ et sont pilotées par l'intermédiaire d'un nouveau pivot (figure 2.4).

Même si on ne s'intéresse en terme de déformations qu'à la phase de downswing, la simulation du swing se fait du backswing au finish. En fait, ce choix facilite celui des conditions initiales qui peuvent alors être prise comme nulles pour toutes les lois de pilotage et les vitesses.

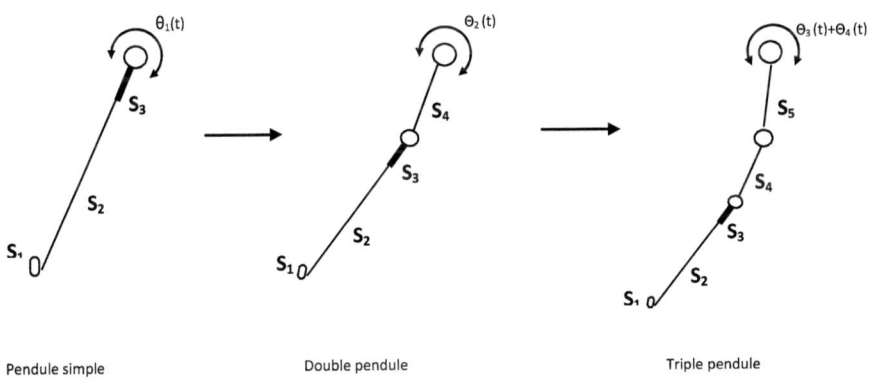

Pendule simple　　　　　　　　Double pendule　　　　　　　　Triple pendule

Figure 2.4 : Processus de modélisation

3.3 Lois de pilotage

On doit assurer dans un premier temps le passage de la cinématique des membres supérieurs à celle des segments du triple pendule. Pour cela, on introduit artificiellement une représentation 3D de "pendule – golfeur" (figure 2.5) en calculant les coordonnées 3D des points au milieu des poignets, des coudes, des épaules et des hanches.

Les fonctions $\theta_i(t)$ sont alors définies telle que :

- $\theta_1(t)$ est l'angle inter segment "club – milieu poignets/milieu poignets – milieu coudes"
- $\theta_2(t)$ est l'angle inter segment "milieu poignets–milieu coudes/milieu coudes–milieu épaules"
- $\theta_3(t)$ est l'angle inter segment "milieu coudes–milieu épaules/ligne des épaules "
- $\theta_4(t)$ est l'angle inter segment "ligne des épaules / ligne des pieds "

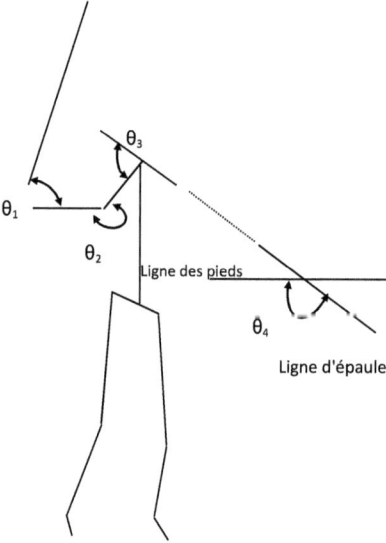

Figure 2.5 : Définition des angles de pilotage

La définition de ces nouveaux segments implique la donnée de nouvelles caractéristiques physiques et géométriques. C'est ainsi que, par l'intermédiaire des tables anthropométriques (tableau 2-1), S_5 cumule la masse et le moment d'inertie des deux bras, S_4 celles des avant-bras, S_3 celles des mains.

L'évolution des angles est directement tirée d'un module de calcul intégré au logiciel SportLab. De par le choix du modèle, le mouvement d'entraînement doit rester plan, et ceci, afin de ne pas, en autre, surcharger le calcul numérique. Naturellement, il paraît évident de vouloir situer la structure dans le plan de swing mais l'analyse des lois angulaires montre que l'on peut contourner les problèmes liés à ce choix.

En effet, la norme 3D des lois de pilotage est confondue avec la projection frontale pour $\theta_1(t)$, $\theta_2(t)$ et $\theta_3(t)$ et avec la projection horizontale pour $\theta_4(t)$. La projection frontale désigne la projection dans le plan vertical et parallèle à la ligne de jeu et la projection horizontale désigne la projection sur le sol. Cela veut dire que la valeur et l'influence des autres angles est négligeable dans chaque cas. Ces résultats prennent donc en compte le mouvement d'entraînement à plat et un déploiement du swing vertical.

Chacune des lois de pilotage doit être initialisée par rapport aux conditions initiales. Cette démarche implique alors dans certains cas de devoir effectuer un complément à l'angle pour qu'il soit bien nul au temps $t=0$. Les fonctions sont finalement lissées et introduites dans le modèle numérique du triple pendule plan.

4. Résultats

4.1 Validation du modèle

La figure 2.6 donne une idée du swing simulé par notre modèle de triple pendule plan. Elle montre que le recalage des segments, le calcul des lois angulaires et le lissage des courbes ne perturbent pas l'aspect général du mouvement. La synchronisation du geste est conservée et on peut en particulier visuellement constater le retard du club évoqué précédemment. Les courbes de vitesse simulée de la tête du club présentent une allure similaire à celle mesurées expérimentalement par l'analyse vidéo 3D.

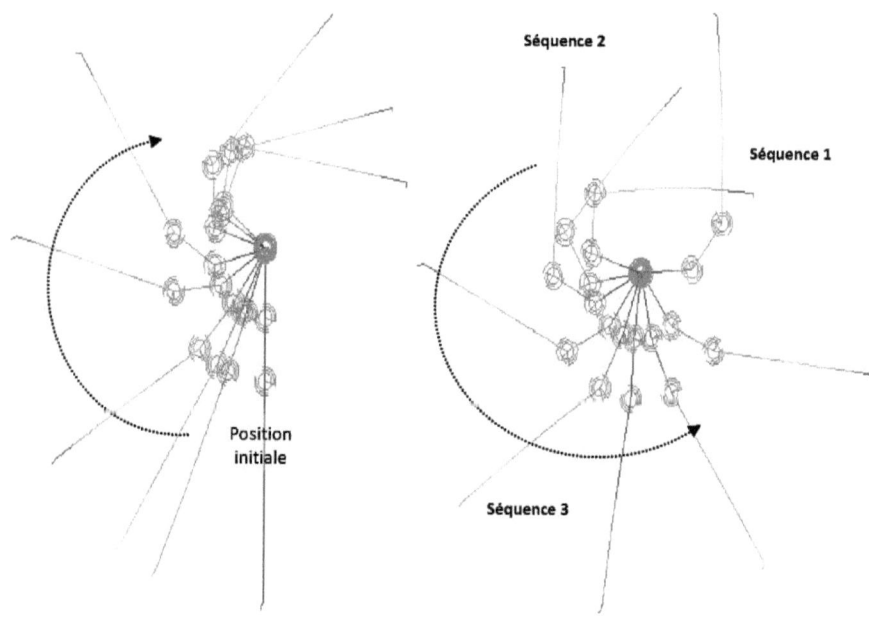

Figure 2.6 :   Simulation du swing par le modèle de triple pendule plan

Afin de valider la simulation, la vitesse d'impact simulée par le modèle EF est comparée à celle mesurée par analyse vidéo. Le tableau 2.2 présente les résultats obtenus pour cinq simulations correspondant à cinq golfeurs différents

Simulation	1	2	3	4	5
Vitesse simulée (m/s)	40.2	39.6	42	36.2	39.1
Vitesse mesurée (m/s)	37.5	36.3	38.1	34.3	35.6
Erreur(%)	6.7	8.3	9.3	5.2	9.0

Tableau 2.2 : Erreur sur les vitesses d'impact

Les vitesses d'impact simulées et mesurées correspondent à celle rencontrées dans la littérature scientifique. L'erreur entre la simulation et l'expérience reste à un niveau acceptable (entre 5.2 et 9.3). L'hypothèse de swing plan et les lois de pilotage donnent un modèle réaliste.

4.2 Etude des moments fléchissants pendant la phase de downswing

L'inertie de la tête de club est la cause essentielle des déformations du shaft. La phase la plus rapide et la plus accélérée du geste de golf est le downswing. On effectue alors, sur ce temps de l'ordre de 0,2 seconde, une étude de l'évolution du moment fléchissant M_F car ces déformations sont uniquement des déformations de flexion. On divise pour cela le downswing en trois séquences correspondant aux différentes phases de déformation du club.

Séquence 1 : Transition backswing/downswing

Le manche commence à se déformer à la fin du backswing. On note un changement radical dans les accélérations de la tête de club. Néanmoins, les moments fléchissant et les déformations du manche sont négatifs en raison du mouvement de backswing Qualitativement, pour la séquence 1, on retrouve bien par la simulation la courbure réelle du manche. Elle est induite par la valeur de M_F négatif. La valeur maximale calculée est de –140 N.m. De plus, on peut voir avec le diagramme que quantitativement, ce maximum est surtout localisé en milieu de club et qu'il est beaucoup plus faible aux extrémités du manche.

La flexion est à l'image d'une flexion circulaire et on peut donc situer au milieu du club un premier point de flexion du manche (figure 2.7).

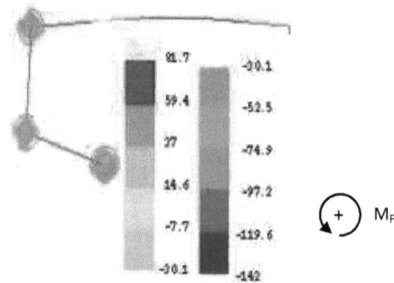

Figure 2.7 :   Moment fléchissant pendant la séquence 1

Séquence 2 : Les déformations induites par le retard

L'accumulation du retard est associée dans le manche à l'accumulation d'énergie de déformation sous l'effet des quantités d'accélérations. Le diagramme de M_F est celui d'une flexion simple : les valeurs du moment augmentent de la tête de club au grip. Un deuxième point de flexion du manche est donc à priori situer à la base du grip. Le moment fléchissant s'homogénéise dans une fourchette d'une dizaine de Newton mètre d'un bout à l'autre du manche. Il reste négatif mais diminue en valeur absolue pour finalement puis devenir positif : c'est l'amorçage du retour élastique du club (figure 2.8)

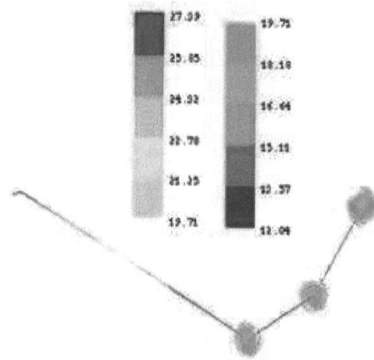

Figure 2.8 :   Moment fléchissant pendant la séquence 2

Séquence 3 : Retour élastique du club

On observe dans cette séquence de déformation que le club a tendance à se redresser. En effet, lorsque le swing se déploie, l'accélération en bout de club devient essentiellement radiale. La force d'inertie s'aligne avec le manche et le club n'est donc plus sollicité en flexion. On observe alors un retour élastique de l'ensemble jusqu'à revenir, en théorie, dans une position non déformée à l'impact. Le moment fléchissant M_F est positif. Les valeurs calculées dépasse les 200 N.m : c'est la séquence de déformation où M_F est le plus important. De plus, on constate que de nouveau le maximum de l'effort se situe au milieu du club (figure 2.9).

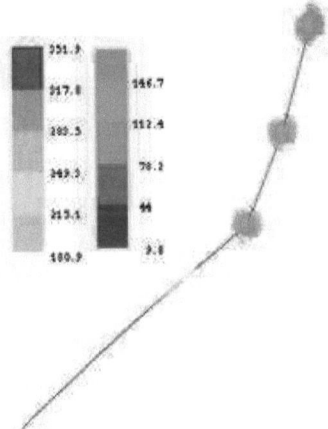

Figure 2.9 : Moment fléchissant pendant la séquence 3

5. Conclusion

Une méthode complète d'analyse du comportement du club pendant le swing de golf a donc été mise en place. L'ensemble de la procédure a fournit des résultats qui complète l'étude de Le Fichoux. La simulation permet donc de bien pouvoir recréer l'état de contrainte déformation réel mais des améliorations à ce travail peuvent être apportées. L'utilisation de caméras rapides permettrait une meilleure définition des lois de pilotage du modèle.

D'autre part, le travail effectué sur la simulation numérique du swing à partir des données vidéo du mouvement d'un golfeur a un objectif plus orienté vers l'adaptation du matériel au joueur donné. La méthodologie suivie lors de l'étude est très satisfaisante dans le sens où la simulation numérique finale est très représentative du mouvement réel, en termes de synchronisation du geste et de cinématique.

Enfin, l'ensemble du protocole semble pouvoir fournir des résultats très prometteurs sur la localisation des efforts internes et du moment fléchissant en particulier. Il a été montré que le club se déformait selon deux modes de flexions : la flexion circulaire et la flexion simple. Ceci implique qu'il existe plusieurs points de flexion que l'on peut, grâce à cette étude, positionner sur le manche. Au-delà de ce résultat, on peut donc alors penser qu'il est possible, en fonction de la cinématique du joueur, de tirer des conclusions quant à l'adaptation et l'optimisation de son matériel.

BIBLIOGRAPHIE

[Bry1984] Brylawski A. M. An investigation of three dimensional of a golf club during downswing. *Science and Golf II, Proceedings of the World Scientific Congress of Golf, St Andrews, Scotland*, 1984

[Cam1985] Campbell K. R., Reid R. E. The application of optimal control theory to simplified models of complex human motions: the golf swing. *Biomechanics IX-B, Champaign, Ill*, 1985

[Fic1997] Le Fichoux B. Contribution à la dynamique transitoire non linéaire des structures flexibles modélisées par éléments finis- Application au swing du golfeur. *Thèse à l'Institut National des Sciences Appliquées de Lyon*, 1997

[Fri1996] Friswell M. I., Horwood G., Smart M. G., Hamblyn S. M. The validation and updating and updating of dynamic models of golf clubs. *The Engineering of Sport*, 1996

[Wil1967] Williams D. The Dynamics of the Golf Swing. Quaterly. *Journal of Mechanics and Applied Mathematics*, 1967

ANALYSE DE LA PERFORMANCE AU VIRAGE CRAWL EN NATATION PAR UNE METHODE STATISTIQUE

PUBLICATIONS

Thèse de mécanique

Puel F., Analyse mécanique du virage crawl en natation. Détermination des critères de performance par une méthode statistique. Université Bordeaux 1, Soutenance prévue en décembre 2010

Congrès internationaux

Puel, F., Hellard, P., & Cid, M. Forces 3-D de poussée au cours du virage crawl en natation. In M. Sydney, F. Potdevin, & P. Pelayo, *Actes des 4èmes Journées Spécialisées de Natation* 143-144, 2008

Puel, F., Morlier, J., Cid, M., Chollet, D., & Hellard, P. Biomechanical factors influencing tumble turn performance of elite female swimmers. *Biomechanics and Medicine in Swimming XI* 155-157, 2010

Puel, F., Morlier, J., Mesnard, M., Cid, M., & Hellard, P. Dynamics and kinematics in tumble turn: an analysis of performance. *Computer Methods in Biomechanics and Biomedical Engineering* (13) 109-111, 2010

1. Introduction

Cette étude sur le virage culbute crawl en natation pour une population d'expertes initie une collaboration avec la cellule recherche de la fédération française de natation. Elle met en place un protocole complet sur l'analyse cinématique et dynamique du virage afin de définir un ensemble exhaustif des paramètres biomécaniques de la performance dont les principaux seront mis en avant par une étude statistique. La thèse de PUEL F. encadré par HELLARD P. et moi-même traite du sujet et est en cours d'écriture.

Le virage culbute crawl se décompose en 5 phases principales: l'approche, le retournement, le contact avec le mur, la phase sous-marine et la reprise de nage. Le contact avec le mur et la phase sous-marine seront ensuite elles-mêmes décomposées en 2 sous-phases distinctes, une phase passive suivie d'une phase active : le placement et la poussée pour la phase de contact, la glisse et la coulée pour la phase sous-marine (figure 3.1).

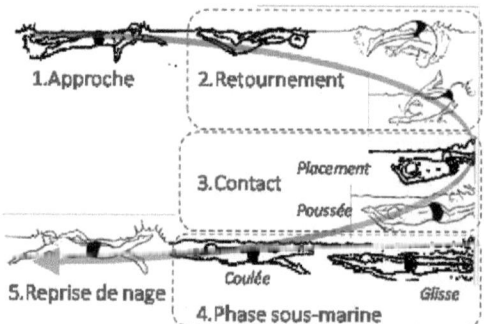

Figure 3.1 : Décomposition du virage culbute en crawl (dessins repris de COUNSILMAN, 1986)

L'approche

La première phase du virage est l'approche. Le nageur exécute ici ses derniers cycles de nage avant d'atteindre le mur. Selon CHOW [Chow1984], le dernier mouvement de bras débuterait à une distance de 1,7 à 2 mètres du mur. A cet instant, le nageur est à la recherche d'informations visuelles sur sa position, il regarde la ligne de nage ainsi que le fond du bassin.

Enfin, il relève la tête afin de porter son regard sur le mur et juger de la distance qui l'en sépare. Selon les informations recueillies, le nageur peut décider d'effectuer des modifications dans son approche pour entamer le retournement à la bonne distance du mur, sans perte de vitesse.

Le retournement

Une fois que le nageur pense être à la bonne distance du mur pour virer (de 1 à 1,2 m), il débute la phase de retournement en commençant par garder les yeux fixés sur le mur. Il laisse alors un bras dans l'eau le long de son corps et termine le dernier mouvement du bras opposé (figure 3.2a). Il quitte ensuite le mur du regard en basculant sa tête vers la poitrine (b). Le nageur exécute alors une ondulation puis regroupe ses jambes ce qui a pour effet de diminuer son moment d'inertie et d'accélérer sa rotation autour de l'axe transverse (c). Le corps du nageur étant alors groupé, sa portance est faible et il a tendance à s'enfoncer dans l'eau. Pour contrôler sa descente, le nageur augmente ses appuis en orientant les paumes de ses mains vers le fond du bassin (d). Les jambes et les pieds sont alors en surface. La tête remonte entre les bras lorsque le demi-tour se termine et que les pieds vont atteindre le mur (e). À ce moment là le nageur effectue une partie de la rotation sur le côté (la vrille) qui l'amène à une position intermédiaire entre la position dorsale et la position costale. Le retournement se termine au premier contact des pieds avec le mur (f).

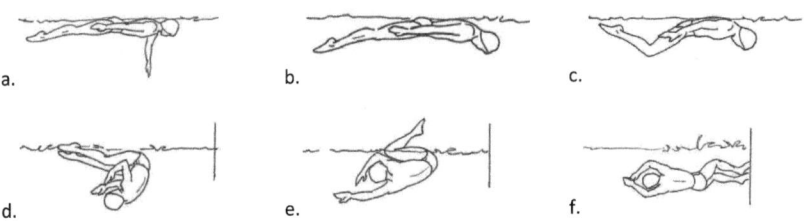

Figure 3.2 : Illustrations pas à pas (de a à f) de la phase de retournement (reproduction de dessins de CHOLLET, 1997)

Le contact

Lors d'un virage culbute, seuls les pieds sont en contact avec le mur, à une profondeur comprise entre 0,3 et 0,4m. La distinction entre contact passif et contact actif, c'est-à-dire entre les phases de placement et de poussée, se fait à l'instant où les hanches du nageur commencent à s'éloigner du mur [Pri2006].

Le placement

Cette phase préparatoire durerait en moyenne 30% du temps total du contact [Lyt1999]. Toutefois, aucune étude ne décrit de manière scientifique cette phase qui permet pourtant au nageur de s'organiser de manière à optimiser sa poussée. Cette organisation est composée d'une vrille mais également d'une extension des membres supérieurs et du tronc.

La poussée

Une fois placé, le nageur débute la phase de poussée qui correspond à une contraction concentrique des muscles extenseurs des membres inférieurs [San2002]. BLANKSBY [Bla1999] précise que cette action fait intervenir simultanément deux muscles bi-articulaires principaux : les quadriceps, extenseurs de la jambe au genou, et les ischio-jambiers, extenseurs du tronc à la hanche. Lors de la poussée, le nageur continue parfois à vriller et complète l'extension du haut du corps afin d'être totalement aligné en fin de poussée.

La phase sous marine

Elle termine le mouvement du virage et est la conséquence directe de la phase de contact. On peut la décomposer en 2 parties : la glisse et la coulée.

La glisse

La fin de contact des pieds du nageur avec le mur marque le début de la phase de glisse. Elle peut être initiée en position dorsale, costale ou bien ventrale selon la complétion de la vrille réalisée en amont. LYTTLE [Lyt2000] propose que le nageur glisse jusqu'à ce que sa vitesse soit descendue entre 2,2 et 1,9 m/s.

La coulée

Le nageur rompt son alignement et débute sa propulsion sous-marine par un mouvement des membres inférieurs. Les deux techniques couramment employées sont les battements et les ondulations. L'efficacité de ces deux techniques est améliorée sous l'eau d'une part par la diminution des résistances de vagues présentes en surface [Lyt2000] et d'autre part par la possibilité d'appliquer un appui propulsif sur l'ensemble du mouvement, ce qui est impossible lorsque les pieds traversent la surface. Les battements sont de moins en moins employés face à l'engouement porté par les ondulations. Ils apparaissent toutefois en fin de coulée et permettent la transition avec la reprise de nage. La coulée est la partie active de la phase sous-marine. Le nageur y termine sa vrille et retourne à l'équilibre ventral.

La reprise de nage

La reprise de nage débute avec l'action motrice des membres supérieurs. Cette phase de transition fait passer le nageur d'une propulsion sous-marine à une propulsion en surface. Le nageur commence à sortir de l'eau quand il sent qu'un mouvement de bras va amener sa tête à la surface.

2. Dispositif d'analyse expérimentale

Ce dispositif a pour objectif de permettre l'étude de l'influence de paramètres biomécaniques choisis sur la performance au virage crawl. Il se compose d'un ensemble de caméras calibrées et d'un système de mesures dynamométriques fixé sur le mur de virage. Le protocole expérimental a été établi en fonction des contraintes environnementales et du haut niveau de la population étudiée.

2.1 Contraintes en milieu sportif

Les contraintes induites par l'analyse d'un mouvement sportif sont supérieures à celles rencontrées lors d'expérimentations en laboratoire. L'environnement d'analyse ne peut être contrôlé. Dans ce cas d'analyse du virage crawl, l'environnement est une piscine (bassin intérieur pour toutes les expérimentations) avec toutes les contraintes qui en découlent : humidité et chaleur permanentes, lumière variable, espace et temps disponibles pour les expérimentations restreints. La nature des instruments de mesure est déterminée par l'environnement. L'analyse sous-marine implique l'utilisation de systèmes de mesure étanches, la nature du système de mesure en est donc affectée. Par exemple, l'utilisation de caissons pour les caméras devient nécessaire et cela a des conséquences sur la mesure et sur les possibilités de mise au point. L'expérimentation se déroule dans un milieu public pour lequel l'accès est toutefois restreint pendant les courtes plages horaires autorisées pour notre étude. Il est de ce fait nécessaire de choisir ou de concevoir des instruments de mesure adaptés à ce travail de terrain et répondant principalement aux contraintes d'étanchéité et de mobilité.

Le second type de contraintes est du à la population d'étude particulière. Les sportifs de haut niveau sont une population délicate à manipuler, à laquelle on ne peut demander que peu de coopération et encore moins de compromis. Bien qu'ayant une finalité applicable à leur activité, la population élite a des difficultés à s'impliquer dans le protocole de recherche. Le sportif de compétition reste intéressé par une information, une activité lui permettant de progresser mais il faut pour cela le convaincre de participer en lui proposant un gain dans un délai court et surtout qu'il en soit l'unique bénéficiaire. Pour cette raison, autour du protocole de recherche, des activités d'évaluation technique et de formation ont du être proposées. Par exemple, la coopération limitée de l'athlète ne permet pas d'utiliser des marqueurs pour l'analyse cinématique. Toutefois, cette limitation permet d'éviter les erreurs dues au mauvais positionnement de ces marqueurs et celles dues au déplacement des marqueurs collés sur la peau par rapport aux éléments squelettiques qu'ils doivent représenter.

Ce déplacement peut même être aggravé par l'utilisation de marqueurs volumiques sujets à des résistances lors du mouvement sous-marin. Enfin, le système d'analyse ne doit en rien perturber les performances de l'athlète afin que cette dernière soit représentative de sa technique et de son niveau.

2.2 Tâche et consignes

Cette étude a la particularité de n'avoir aucune condition expérimentale à tester. En effet, seule la tâche à réaliser devait être contrôlée mais effectuée selon la technique propre à chaque nageur avec pour seule consigne de réaliser « son meilleur virage ». Le niveau d'expertise global de la population d'étude permet de ne travailler que sur un seul essai pour chaque sujet. En effet, ces nageurs ont la capacité de réaliser le même geste, « leur » geste, « à la demande ». Toutefois l'entraineur, l'expérimentateur et l'athlète gardaient la possibilité de demander à réaliser un ou plusieurs essais supplémentaires tant que tous les protagonistes n'étaient pas satisfaits de l'essai : l'entraineur avec son œil de technicien et sa connaissance de l'athlète, l'expérimentateur à la vue du geste et des premiers enregistrements et le nageur en fonction de son intention et de son ressenti. Un échauffement préalable ainsi que quelques virages d'essais étaient toujours réalisés au préalable. Enfin, jamais plus de 3 virages n'étaient réalisés consécutivement, sans une longue période de repos, et ceci pour que la fatigue n'influence pas les résultats.

Pour « réaliser son meilleur virage », le nageur débutait sa nage à environ 15m du mur et accélérait jusqu'à atteindre sa vitesse maximale avant d'avoir passé les drapeaux situés à 5m du mur. Dans la suite du mouvement, le nageur réalisait son virage culbute en crawl à pleine vitesse puis reprenait à nager toujours à vitesse maximale avant de stopper son effort.

2.3 Dispositif d'analyse vidéo 3D

A partir des principes de l'analyse vidéo 3D, un système composé de caméras et de mires de calibration à été développé pour cette étude sous-marine.

Le repère d'étude choisi pour l'analyse cinématique est un repère orthonormé direct. La surface de l'eau définit le plan horizontal $(\vec{x_c}, \vec{z_c})$, le plan d'appui du nageur sur la plateforme de force est le plan transverse parallèle au mur de virage $(\vec{y_c}, \vec{z_c})$ et le plan médian du couloir de nage est le plan vertical $(\vec{x_c}, \vec{y_c})$. L'origine du repère est le point commun à la surface de l'eau, à la plaque supérieure de la plateforme de force est situé au milieu du couloir de nage.

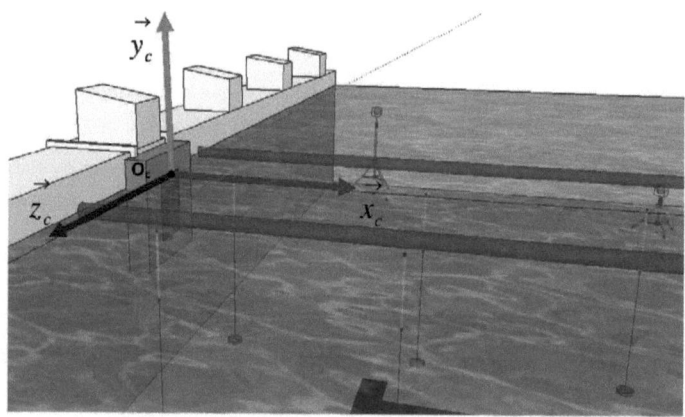

Figure 3.3 : Repère cinématique

Le système de calibration a nécessité l'utilisation de tuyaux en PVC. Découpés à une longueur choisie et bouchés à leur extrémité supérieure par un cylindre de mousse compressée, les tuyaux étaient ensuite reliés à des lests par du fil de pêche. La verticalité est assurée par l'air contenu dans chaque tuyau. Du ruban adhésif noir recouvrant chaque extrémité du tuyau permet de représenter deux marqueurs de calibration.

La configuration parallélépipédique du système de mires a été privilégiée à une configuration en étoile qui correspond à une concentration des mires au centre des plans images. En outre, Il est nécessaire que les mires soient situées au plus près du lieu du mouvement mais également que le volume de calibration contienne le mouvement. De plus, la configuration permet au système d'être laissée en place pendant l'expérimentation.

Cela permet aussi de ne pas perdre d'essais dans le cas où une caméra serait légèrement déplacée lors de l'expérimentation ou bien éventuellement réajustée par un expérimentateur. Les mesures de position des mires de calibration dans le repère d'étude ont été effectuées avec la plus grande rigueur possible afin d'influencer au minimum la précision de la reconstruction.

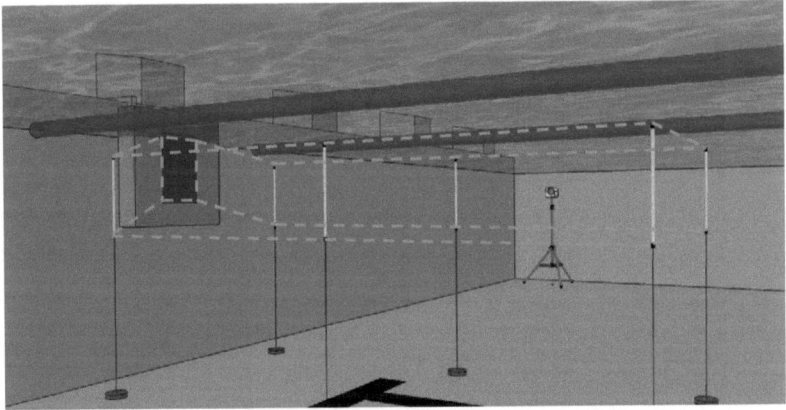

Figure 3.4 : Positionnement des mires et volume de calibration (délimité par les pointillés verts)

Les expérimentations se sont déroulées en bassin de 50 mètres. La nécessaire portabilité du système d'analyse cinématique a conduit à l'utilisation de caissons étanches et de trépieds lestés pour assurer l'étanchéité et la fixité de chaque caméra. Les caméras utilisées étaient des modèles mini-DV Sony (DCR-HC62E et DCR-HC96E) et Panasonic (NV-GS17). La focale des caméras a du être réglée en automatique afin d'obtenir des images nettes. En effet, un réglage manuel de la focale avant la mise en caisson et l'immersion ne permettait pas de prédire la netteté finale des images. Au cours de l'expérimentation, le réglage automatique peut toutefois faire varier les constantes de la DLT de chaque caméra.

De plus, pour contrôler cet effet, deux calibrations successives ont été réalisées et comparées : la première peu avant le passage du nageur, la seconde au début du passage du nageur à un instant où il est dans le champ de la caméra et où toutes les mires de calibration sont visibles. Une comparaison des valeurs des 11 constantes de la DLT n'a montré aucune différence, le réglage de la focale n'a donc pas varié au cours de l'expérimentation.

Le positionnement des caméras devait répondre aux contraintes dues au mouvement analysé et aux limites physiques de l'environnement d'étude. Pour un tel mouvement complexe, l'identification par l'expérimentateur de tous les points d'intérêt du sujet implique de positionner des caméras tout autour de l'espace dans lequel l'athlète évolue. Dans le cas ou un point ne peut être vu par au moins deux caméras, sa reconstruction 3D est impossible.

L'identification des parties cachées du sujet est alors soumise à la subjectivité de l'expérimentateur et doit être limitée au maximum. La multiplication des caméras liée à l'obligation de pouvoir observer la gestuelle du sujet sous de très nombreux points de vue permet de diminuer le nombre de parties cachées. Cette multiplication des prises de vues rend la tâche de suivi des points longue et fastidieuse mais elle permet de maximiser le nombre de points reconstruits et d'améliorer la précision de reconstruction. Ainsi, lors de chaque expérimentation, toutes les caméras disponibles ont été utilisées.

Le positionnement des caméras est donc réalisé en fonction des possibilités offertes par le bassin. En règle générale, un point de l'espace peut être observé sous une infinité d'angles de vue. Si l'on représente cet espace par une sphère avec comme centre le point d'intérêt puis qu'on choisisse d'appliquer un repère orthonormé pour l'étude de ce volume, avec comme origine le point d'intérêt, la sphère sera alors découpée huitièmes par les 3 plans orthogonaux du repère.

Dans notre cas, les plans qui composent ce repère sont la surface de l'eau, le mur de virage et le plan médian du couloir de nage. La surface de l'eau ne permet pas d'observer les points immergés à partir du bord du bassin de par la réfraction de la lumière et l'instabilité de la surface. De par sa totale opacité, le mur du bassin ne permet pas non plus d'observer quoi que ce soit à travers lui. Dès lors, des 8 segments de sphère obtenus, seuls 2 sont disponibles pour le placement des caméras.

De plus, le fond et les murs latéraux du bassin restreignent encore les points de vue disponibles de par le peu de recul qu'ils offrent. Ainsi le positionnement des caméras sera réalisé selon une semi-ellipse dont un des centres sera l'extrémité du T (figure 3.5). Enfin, leur synchronisation est assurée par un flash lumineux sous-marin (EPOQUE ES-150), déclenché au début de chaque expérimentation.

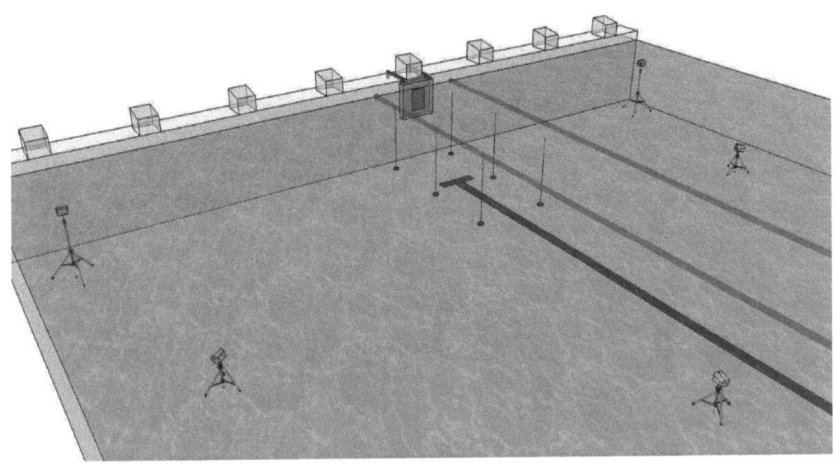

Figure 3.5 : Positionnement des caméras pour l'analyse cinématique 3D du virage crawl

L'algorithme de la DLT utilisée pour cette étude et intégré à SPORTLAB a été modifié pour permettre la reconstruction à partir de 2 jusqu'à 8 caméras. Cette augmentation du nombre de caméras utilisables simultanément permet d'augmenter le nombre de points reconstruits ainsi que la précision de la reconstruction.

La précision de la reconstruction peut être quantifiée en comparant les coordonnées réelles des mires avec celles reconstruites par l'algorithme. Le tableau 3.1 présente la précision calculée pour une configuration à 14 mires et 5 caméras. Le volume de calibration avait pour dimensions 4,12 x 1,1 x 1,885 m. L'écart de position 3D moyen calculé était de 13 (± 8) mm et l'erreur maximale de 28 mm.

Mire	Coordonnées réelles			Coordonnées reconstruites			Écarts de position			
	xo (m)	yo	zo	x (m)	y	z	Δx (m)	Δy	Δz	Δ3D (m)
1	0	-0,5	0,2	0,0026	-0,5209	0,2125	0,0026	-0,0209	0,0125	0,0245
2	0,265	-1,1	0,9275	0,2575	-1,1018	0,9284	-0,0075	-0,0018	0,0009	0,0077
3	2,12	-1,1	0,9325	2,1263	-1,0951	0,9336	0,0063	0,0049	0,0011	0,0080
4	4,12	-1,1	0,9475	4,1188	-1,1026	0,9471	-0,0012	-0,0026	-0,0004	0,0028
5	2,12	-1,1	-0,9375	2,1246	-1,1091	-0,9383	0,0046	-0,0091	-0,0008	0,0102
6	0,56	-1,1	-0,9325	0,5553	-1,0850	-0,9339	-0,0047	0,0150	-0,0014	0,0158
7	0	-0,5	-0,2	-0,0002	-0,5265	-0,2111	-0,0002	-0,0265	-0,0111	0,0287
8	0	0	0,2	-0,0010	-0,0009	0,2049	-0,0010	-0,0009	0,0049	0,0051
9	0,265	-0,53	0,9275	0,2698	-0,5190	0,9246	0,0048	0,0110	-0,0029	0,0123
10	2,12	-0,53	0,9325	2,1157	-0,5257	0,9305	-0,0043	0,0043	-0,0020	0,0064
11	4,12	-0,53	0,9475	4,1183	-0,5248	0,9472	-0,0017	0,0052	-0,0003	0,0055
12	2,12	-0,53	-0,9375	2,1144	-0,5423	-0,9320	-0,0056	-0,0123	0,0055	0,0146
13	0,56	-0,53	-0,9325	0,5665	-0,5064	-0,9330	0,0065	0,0236	-0,0005	0,0245
14	0	0	-0,2	-0,0008	0,0124	-0,2048	-0,0008	0,0124	-0,0048	0,0133

Tableau 3.1 : Exemple de calcul de la précision de la reconstruction 3D

Le positionnement des caméras est tel que si une ou plusieurs caméras ne fonctionnaient pas, la reconstruction resterait possible et la variation de la précision resterait faible. Seul le nombre de points d'intérêt reconstruits serait moindre à cause de la diminution des angles de vue. Dans cet exemple, si 2 ou 3 caméras ne fonctionnaient pas, la précision demeurerait alors respectivement à 13,5 (± 8) mm ou 12 (± 8) mm et l'erreur maximale à 28 mm ou 26,5 mm.

2.4 Dispositif d'analyse dynamométrique 3D

La plateforme de force KISTLER étanche de type 9253B12 a été choisie pour notre étude. Cette plateforme peut être utilisée pour le diagnostic de performances dynamiques et permet la mesure de forces dans des conditions difficiles et variées. Elle comprend 4 capteurs piézoélectriques dont la gamme de mesure correspond aux efforts développés par le nageur sur le mur lors du virage.

Comme pour l'analyse cinématique, le repère d'étude choisi pour l'analyse dynamométrique est un repère orthonormé direct. Il est toutefois différent : l'origine du repère O_d est le point central de la plaque supérieure de la plate forme de force, l'axe $\vec{x}_d$ est tangentiel à la plaque et orienté du centre du couloir de nage vers le côté du bassin, l'axe $\vec{y}_d$ est aussi tangentiel à la plaque mais orienté verticalement, du centre de la plaque vers la surface et l'axe $\vec{z}_d$ est normal à la plaque et dirigé vers l'intérieur de la plateforme (figure 3.6).

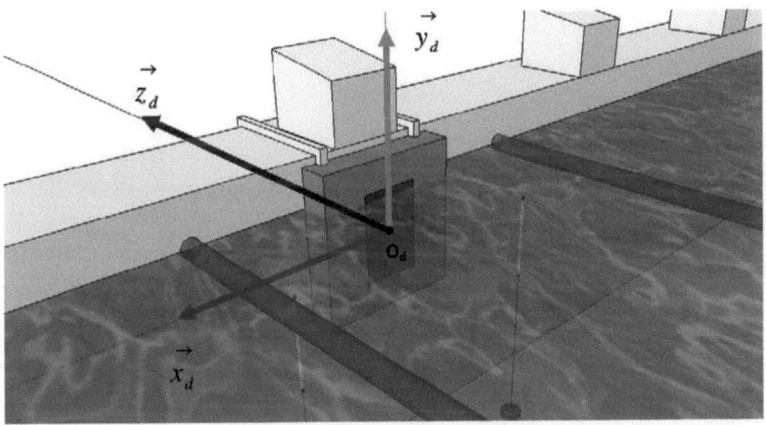

Figure 3.6 : Repère dynamique

Pour la suite de l'étude, on choisira le repère cinématique comme référence et on transportera l'ensemble des données dynamiques dans ce repère. L'axe latéral sera noté $\vec{z}$, l'axe vertical $\vec{y}$ et l'axe horizontal $\vec{x}$

Afin d'exploiter la plateforme sur plusieurs bassins, un système d'attache a été réalisé. Des profilés aluminium standards ont été choisis pour la structure du système mécanique. Leurs principaux avantages sont un poids contenu, une bonne résistance à l'oxydation et à la flexion. De plus, l'assemblage de tels éléments par des équerres est aisé et de très nombreuses configurations sont possibles. Le système conçu est composé de deux structures distinctes. Un cadre rigide, de dimensions 800 x 800 mm, sur lequel est vissée la plateforme de force, permet de transmettre l'appui du nageur au mur du bassin. Une seconde structure, dont la forme peut être adaptée à la majorité des bassins, permet de fixer l'ensemble au mur de virage (figure 3.7). Des pieds réglables assurent le contact permanant du système avec le mur.

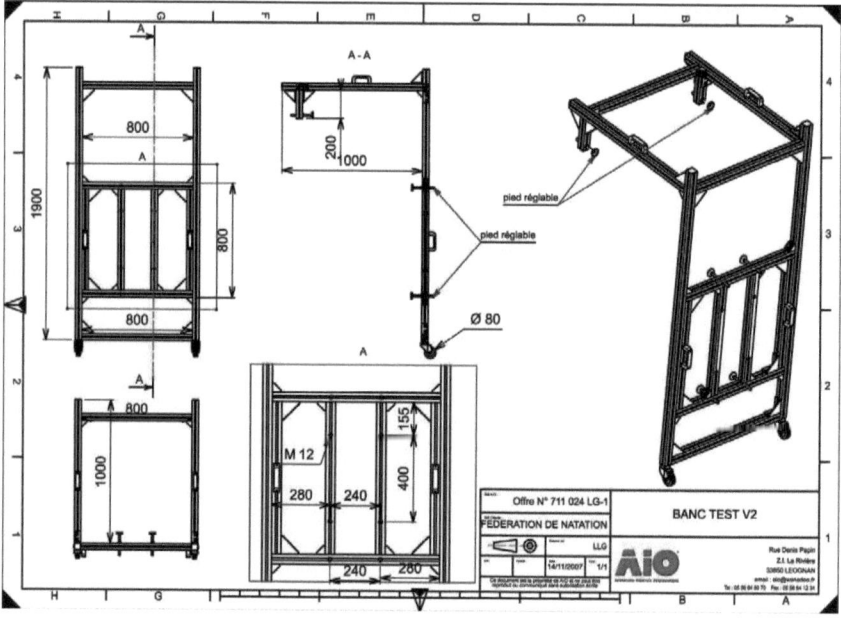

Figure 3.7 : Système mécanique de fixation de la plateforme

Enfin, une plaque en polystyrène expansé a été ajoutée au système afin que le nageur ne se blesse pas dans le cas où il manquerait la plaque supérieure de la plateforme lors de son virage.

La chaine d'acquisition des forces de contact est composée de la plate forme de force KISTLER ainsi que d'un amplificateur de charge KISTLER. Les charges électriques engendrées par la plate forme de mesure sont transformées en tensions proportionnelles par l'amplificateur de charge. L'acquisition des données est réalisée sur PC portable grâce au logiciel BIOWARE.

La synchronisation des signaux cinématiques et dynamométriques ne peut s'effectuer que si un même évènement apparait sur les 2 types d'enregistrement. C'est le cas de la fin de contact, aisément observable sur les enregistrements vidéo et détectable automatiquement sur les enregistrements dynamiques (annulation de la force horizontale en fin de contact). La précision de cette synchronisation est fonction de la fréquence d'acquisition la moins élevée. La fréquence d'acquisition des images vidéo étant de 50Hz, la précision de synchronisation est de 0,02s.

3. Définition des variables de la performance

Nous avons choisi pour cette étude de créer une liste exhaustive des variables biomécaniques influençant la performance du virage. Ces variables explicatives de la performance sont classées en deux catégories : les variables cinématiques calculées à partir de l'analyse vidéo 3D et des données anthropométriques du nageur et les variables dynamiques issues des mesures réalisées avec la plateforme de force.

En outre, le choix de la variable de réponse, caractérisant la performance du virage, s'est porté sur le temps mis pour parcourir la distance de 3m avant le mur jusqu'au 3m après le mur, appelé 3mRTT (Round Trip Time) qui fait référence dans la littérature scientifique.

3.1 Modélisation du nageur

Le choix d'un modèle du corps humain est une phase indispensable pour pouvoir décrire la cinématique des nageurs. Les difficultés d'une analyse vidéo sous marine ne permettent pas de suivre l'ensemble des articulations du sportif sur la totalité du mouvement.

Néanmoins, nous devons dans un premier temps trouver un segment remarquable qui permet de décrire le déplacement global du sportif. Notre choix s'est arrêté sur la tête du nageur qui reste visible à chaque instant de notre analyse. En outre, des études ont montré que le mouvement de la tête est comparable au mouvement du centre de gravité [Elip2009] et que son déplacement semble contrôler le début des phases de retournement et de reprise de nage.

En revanche, le déplacement de la tête ne permet pas de décrire la phase de retournement où la configuration du corps et donc son inertie joue un rôle primordial. Il faut donc mettre en place un modèle plus complexe pour décrire cette phase de rotation du nageur. Néanmoins, on concentrera la masse des segments corporels situés aux extrémités (pieds et mains) aux centres distaux (extrémité du pied et de la main). De plus, lors du virage, les mouvements d'abduction-adduction et de flexion-extension permis par l'articulation du poignet sont réalisés avec une faible amplitude. Dès lors, il semble raisonnable d'unir les segments main et avant-bras du modèle idéal en un segment rigide avant-bras et main et ainsi s'affranchir du suivi des poignets au cours du mouvement.

Le retournement est un mouvement essentiellement symétrique. Les parties gauches et droites du nageur effectuent le même mouvement simultanément. Cette symétrie sagittale peur être utilisée afin de simplifier la modélisation du nageur. Le calcul du moment d'inertie faisant intervenir la masse de chaque segment, le rôle des membres inférieurs est prépondérant car ils représentent approximativement 30% de la masse totale du sujet. Lors du retournement, les membres inférieurs restent serrés ce qui limite les écarts de position entre les chevilles gauches et droites et les genoux gauches et droits. Pour un même instant, l'identification concomitante des 2 genoux ou des 2 extrémités des pieds n'étant pas garantie, la moyenne ou la seule position connue sera prise en compte pour le calcul. Ainsi le regroupement du nageur peut être quantifié par le calcul du moment d'inertie d'un modèle 3D à 6 segments et 7 points (tableau 3.2).

Segment	Repère
Jambe et Pied	Extrémité du pied - genou
Cuisse	Genou - hanche
Tronc	Milieu des hanches – Milieu des épaules
Tête	Sommet crâne
Bras	Epaules - coude
Avant-bras et Main	Coude - extrémité de la main

Tableau 3.2 : Modèle 3D à 6 segments articulés

Ce modèle sera aussi appliqué pour la phase placement et de poussée sur le mur où la configuration du corps joue un rôle essentiel en offrant une résistance à l'eau plus ou moins faible favorisant ou non la performance. Par la suite, seul un suivi de la tête sera effectué et permettra de décrire le mouvement lors de la glisse et de la coulée. Les tables anthropométriques de DE LEVA, présentées dans le chapitre 1 seront utilisées.

3.2 Définition des variables cinématiques

Au-delà du traitement du signal décrit en détail dans le premier chapitre traitant du saut à la perche, un programme développé sous SCILAB permet de déterminer rapidement les paramètres cinématiques du virage. Pour une meilleure lisibilité, nous avons choisi de les classer en respectant les différentes phases du virage.

Ensemble du virage

Le programme automatise la détection des passages de la tête à -3m et +3m, cela permet le calcul du paramètres **3mRTT** relatif à la performance du virage. La dérivation de la position horizontale de la tête permet d'obtenir les vitesses horizontales de la tête à -3m **VIn** et à +3m **VOut** mais également la vitesse horizontale maximale atteinte lors du virage **Vmax**. La longueur de la trajectoire 3D du centre de la tête, entre le début et la fin du virage, est également calculée et notée **TD**.

Approche et retournement

Le début du retournement est marqué par l'augmentation rapide de la profondeur de la tête. Cette détection est effectuée par une observation visuelle systématique de l'expérimentateur. A cet instant, la distance horizontale qui sépare la tête du nageur avec le mur **RD** et la vitesse horizontale de la tête **VR** sont enregistrées. La vitesse horizontale de la tête un mètre avant cet instant est également enregistrée **V1mR**. Elle correspond à la vitesse d'approche du nageur. La détection du début de retournement permet aussi de calculer la durée de la phase d'approche **AT** ainsi que la durée de la phase de retournement **RT** qui se termine avec le premier contact des pieds du nageur avec le mur. Pour quantifier l'aptitude du nageur à se regrouper et faciliter sa rotation dans l'axe transverse, il semble intéressant de calculer le moment d'inertie. Le paramètre retenu pour l'analyse cinématique est le moment d'inertie minimal calculé sur la phase de retournement **I**.

Contact

Les paramètres cinématiques définis lors du contact sont les indices d'extension des membres inférieurs et du haut du corps, les vitesses horizontales de la tête et la profondeur de la tête. Ils sont enregistrés à 4 instants précis, obtenus grâce à l'analyse dynamique du virage : le début du contact des pieds du nageur avec le mur (préfixe C), le début de la poussée (préfixe Po), l'instant où la force de poussée est maximale (Préfixe Pe) et l'instant où les pieds du nageur quittent le mur (Préfixe G).

Les indices d'extension sont calculés à partir de la position horizontale des hanches et de celle des mains mais aussi de longueurs segmentaires obtenues par le suivi des points et la reconstruction 3D. Pour chaque sujet, les longueurs moyennes des pieds, des jambes, des cuisses, du tronc, des bras et des segments avant-bras-main sont déduites des positions successives des points suivis. La longueur maximale des membres inférieurs **LLLm** est la somme de la longueur des pieds, des jambes et des cuisses. La longueur maximale des membres supérieurs **UBLm** est la somme de la longueur du tronc, des bras et des avant-bras-main.

Les 4 indices d'extension des membres inférieurs, notés successivement **CLLei, PoLLei, PeLLei** et **GLLei** selon l'instant auquel ils se réfèrent, correspondent au rapport entre la position horizontale des hanches avec le paramètre individuel LLLm. Les 4 indices d'extension du haut du corps, notés successivement **CUBei, PoUBei, PeUBei** et **GUBei** selon l'instant auquel ils se réfèrent, correspondent au rapport entre la différence de position horizontale des mains et des hanches avec le paramètre individuel UBLm.

A ces instants, la vitesse horizontale de la tête (**VC, VPo, VPe** et **VG**) et la profondeur de la tête (paramètres **CDe, PoDe, PeDe** et **GDe**) sont également enregistrées. L'augmentation de la vitesse horizontale de la tête pendant la poussée est calculée ainsi : **ΔVPo = VG - VPo**.

Glisse, coulée et reprise de nage

D'après LYTTLE [Lyt2000], l'analyse de la vitesse de la tête permettrait de déterminer à quelle distance du mur le nageur devrait reprendre une action propulsive des jambes et donc passer de la phase de glisse à la phase de coulée. Ces distances seront notées **D22** et **D19** et correspondent aux instants où la vitesse horizontale de la tête du nageur est à 2,2 puis 1,9 m/s.

De manière similaire au début du retournement, la reprise de nage en crawl est marquée par l'augmentation de la distance horizontale entre la main droite et la main gauche du nageur. Cette détection est réalisée à partir d'un contrôle visuel systématique de l'expérimentateur. A cet instant, la distance horizontale qui sépare la tête du nageur avec le mur **SD** et la vitesse horizontale de la tête **VS** sont enregistrées. La détection de la reprise de nage permet aussi de calculer la durée de la phase de coulée **UT** qui a débuté lorsque le nageur a rompu son alignement corporel adopté pendant la phase de glisse, caractérisée par le temps de glisse **GT**.

De même, à cet instant, la distance horizontale qui sépare la tête du nageur avec le mur **UD** et la vitesse horizontale de la tête **VU** sont enregistrées.

Le tableau 3.3 présente les 37 variables cinématiques avec leur description et leur nomenclature.

Variable	Description		Unité
AT	Approach Time	temps d'approche	s
RT	Rotation Time	temps de retournement	s
GT	Glide Time	temps de glisse	s
UT	Underwater propulsion Time	temps de coulée	s
RD	Rotation Distance	position au début du retournement	m
D22	Distance at 2,2 m/s	position à la vitesse de 2,2 m/s	m
D19	Distance at 1,9 m/s	position à la vitesse de 1,9 m/s	m
UD	Underwater propulsion Distance	position à la limite glisse-coulée	m
SD	Swim resumption Distance	position à la reprise de nage	m
TD	Total Distance	longueur de la trajectoire	m
CDe	Contact Depth	profondeur au contact	m
PoDe	Push-off Depth	profondeur en début de poussée	m
PeDe	Peak Depth	profondeur au pic de poussée horizontale	m
GDe	Glide Depth	profondeur en fin de poussée	m
LLLm	Lower Limb Length	longueur maximale d'extension des membres inférieurs	m
UBLm	Upper Body Length	longueur maximale d'extension du haut du corps	m
VIn	Velocity In	vitesse en entrée	m/s
V1mR	Velocity 1 metre before Rotation	vitesse d'approche	m/s

VR	Velocity at Rotation	vitesse au retournement	m/s
VC	Velocity at Contact	vitesse au contact	m/s
VPo	Velocity at Push-off	vitesse en début de poussée	m/s
VPe	Velocity at Peak	vitesse au pic de poussée horizontale	m/s
VG	Velocity at Glide	vitesse en fin de poussée	m/s
ΔVPo	Δ Velocity during Push-off	gain de vitesse pendant la poussée	m/s
VU	Velocity at Underwater propulsion	vitesse à la limite glisse-coulée	m/s
VOut	Velocity Out	vitesse en sortie	m/s
VS	Velocity at Swim resumption	vitesse à la reprise de nage	m/s
Vmax	Velocity max	vitesse maximale atteinte lors du virage	m/s
CLLei	Contact Lower Limb extension index	indice d'extension des membres inférieurs au contact	
PoLLei	Push-off Lower Limb extension index	indice d'extension des membres inférieurs en début de poussée	
PeLLei	Peak Lower Limb extension index	indice d'extension des membres inférieurs au pic de poussée horizontale	
GLLei	Glide Lower Limb extension index	indice d'extension des membres inférieurs en fin de poussée	
CUBei	Contact Upper Body extension index	indice d'extension du haut du corps au contact	
PoUBei	Push-off Upper Body extension index	indice d'extension du haut du corps en début de poussée	
PeUBei	Peak Upper Body extension index	indice d'extension du haut du corps au pic de poussée horizontale	
GUBei	Glide Upper Body extension index	indice d'extension du haut du corps en fin de poussée	
I	Inertia	moment d'inertie minimal lors du retournement	kg.m²

Tableau 3.3 : Nomenclature des 37 variables cinématiques

3.3 Définition des variables dynamiques

Les variables dynamiques sont calculées à partir des mesures effectuées par la plateforme de force fixée sur le mur de la piscine. Un algorithme spécifiquement développé automatise la détection du contact et des sous-phases qui le composent. Le début du contact est caractérisé par l'augmentation simultanée des valeurs absolues des forces dans les 3 directions principales du repère. Ceci est dû au mouvement de retournement qui précède le contact, composé principalement d'un retournement autour de l'axe transverse et dans une moindre mesure d'une vrille autour de l'axe longitudinal. Juste avant le contact, les pieds du nageur ont un mouvement descendant ce qui crée une force verticale vers le bas. Selon l'importance de la vrille engagée, une composante latérale plus ou moins grande sera enregistrée. Néanmoins, l'augmentation seule de la force horizontale ne permet pas de distinguer le début du contact car la plateforme de force enregistre également l'effet de la vague de corps qui précède le nageur. Dès lors, le contact débute lorsque la force verticale décroit fortement et lorsque la force horizontale est croissante.

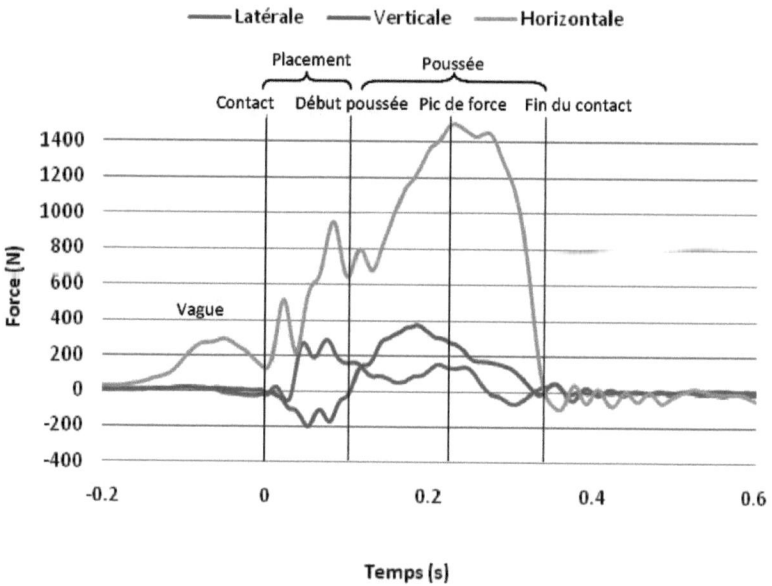

Figure 3.8 : Détection des différentes phases lors du contact

La poussée est caractérisée par un déplacement horizontal du centre de gravité du nageur. Ce déplacement est causé par un effort horizontal des membres inférieurs sur le mur, repérable par l'enregistrement d'une force horizontale positive qui ne permet cependant pas la détection du début de la phase de poussée. En outre, la préparation du nageur à cette action de poussée se traduit également par l'enregistrement d'une composante verticale positive. Or, cette composante verticale est négative dans un premier temps en raison de l'impact des pieds du haut vers le bas. L'instant où cette composante verticale devient positive caractérise alors le début de la poussé.

Cette composante verticale positive de la force d'action du nageur sur le mur le dirige vers le fond de la piscine et lui assure une certaine profondeur lors de la phase sous-marine qui suit. Enfin, cette profondeur lui permet de limiter les résistances dues aux vagues en surface. Entre le début du contact et la phase de poussée, on distingue la phase de placement caractérisé par une composante horizontale positive et une composante verticale négative. Elle permet au nageur de s'organiser avant de commencer sa poussée vers le fond du bassin.

La valeur de la composante horizontale maximale est aussi enregistrée et caractérise le pic de poussée. Cette valeur, exprimée en Newton, est divisée par le poids du nageur **nPe**. A cet instant, l'angle vertical **vA** et l'angle latéral **lA** de la poussée sont calculés.

La fin de contact est marquée par l'annulation de la force horizontale. Une fois ces 4 instants clés déterminés, les durées du contact **CT**, de la phase de placement **BT**, de la phase de poussée **PoT** et de la sous-phase de poussée croissante **PeT** (du début de la poussée jusqu'au pic de poussée) sont calculées. Les durées relatives de placement (**BP** = BT / CT), de poussée (**PoP** = PoT / CT) sont également enregistrées.

En outre, les impulsions de poussée horizontale **HPoI**, latérale **LPoI** et verticale **VPoI** sont calculées ainsi que l'impulsion latérale de placement **LBI** et présentées sur la figure 3.9

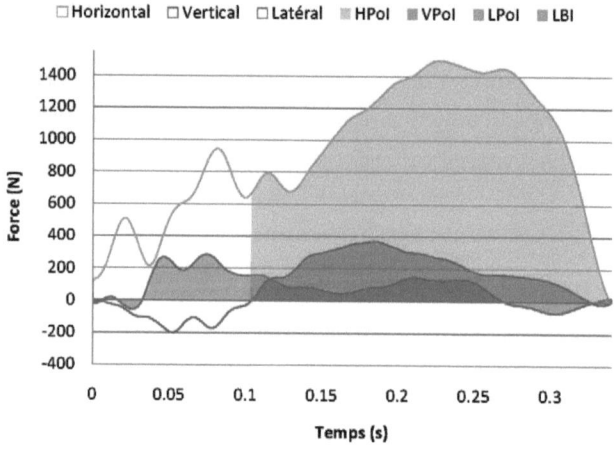

Figure 3.9 : Définition des impulsions lors du contact

Le tableau 3.4 détaille les 13 variables dynamiques calculées lors de cette étude

Variable	Description		Unité
CT	Contact Time	temps de contact	s
BT	Brake Time	temps de placement	s
PoT	Push-off Time	temps de poussée	s
PeT	Peak Time	temps nécessaire pour atteindre le pic	s
BP	Brake Proportion	part de placement dans le contact	%
PoP	Push-off Proportion	part de poussée dans le contact	%
LBI	Lateral Brake Impulse	impulsion latérale lors du placement	N.s
LPoI	Lateral Push-off Impulse	impulsion latérale lors de la poussée	N.s
VPoI	Vertical Push-off Impulse	impulsion verticale lors de la poussée	N.s
HPoI	Horizontal Push-off Impulse	impulsion horizontale lors de la poussée	N.s
nPe	normalized Peak	pic de force horizontale normalisé	
vA	vertical Angle	angle vertical de poussée au pic	°
lA	lateral Angle	angle latéral de poussée au pic	°

Tableau 3.4 : Nomenclature des 13 variables dynamiques

4. Etude statistique

4.1 Population d'étude

Pour cette première étude exploratoire, un groupe de 10 nageuses expertes (EF), membres de l'Équipe de France de natation, a été rassemblé. Le record individuel au 200m nage libre de chaque athlète[1] a été exprimé en pourcentage du record du monde du 200m et a permis d'évaluer le niveau L de chaque nageuse.

Concernant la population étudiée (tableau 3.5), il peut être noté que la nageuse présentant le niveau le moins élevée (91,7%) est une spécialiste de sprint. Elle possède cependant un niveau au 100m nage libre correspondant à 97,9% du record du monde.

Variable	Moyenne ± Écart-type
Âge en date de l'expérience	21,9 ± 4,1 ans
Masse corporelle (**BM**)	63,5 ± 5,9 kg
Stature (**BH**)	1,76 ± 0,04 m
Niveau au 200m nage libre (**L**)	95,7 ± 2,6 %

Tableau 3.5 : Caractéristiques du groupe EF de nageuses expertes

4.2 Variable de réponse 3mRTT

Le tableau 3.6 présente les résultats obtenus pour la variable de réponse à savoir le temps 3mRTT. La réponse 3mRTT est en effet peu variable en raison d'une population présentant un niveau de performance très homogène. On remarque que 3 nageuses présentent des valeurs inférieures à la moyenne et les 7 autres présentent des valeurs concentrées entre 2,90 et 2,96s (figure 3.10).

---

[1] Les records en bassin de 50m ont été relevés à la fin de la saison 2008. Le record du monde féminin était alors de 1'54"82 [Federica Pellegrini, ITA]

	Masse (kg)	Taille (m)	Age	L	3mRTT (s)
1	64	1.76	28	97.4%	2.735
2	64	1.8	21	99.4%	2.79
3	55	1.7	16	92.9%	2.84
4	68	1.74	25	91.8%	2.905
5	73.6	1.80	23	94.1%	2.92
6	68	1.80	20	97.1%	2.93
7	66	1.78	25	97.6%	2.935
8	57	1.75	17	97.4%	2.94
9	62	1.75	22	96.2%	2.94
10	57	1.69	17	92.9%	2.96

Tableau 3.6 : Résultats du 3mRTT

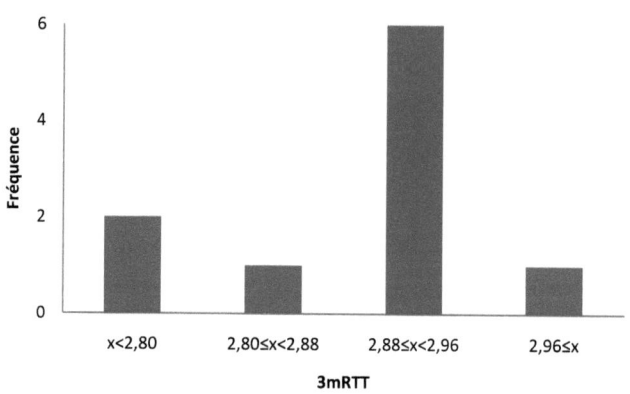

Figure 3.10 : Répartition de la variable de réponse 3mRTT

4.3 Analyse bivariable

Résultats

Une étude des corrélations linéaires entre les 53 variables explicatives de la performance [37 variables cinématiques, 13 variables dynamiques et 3 variables locales (masse corporel **BM**, taille **BH** et niveau **L**)] en fonction de la réponse 3mRTT a été menée sur la population de 10 nageuses expertes. Les corrélations de Pearson ont été calculées et classées par valeur absolues. Le tableau 3.6 présente les 15 premières variables classées.

Variable	r	Moyenne ± Ecart-type
LBI	-0.763	9 ± 5 N.s
VS	-0.676	1,48 ± 0,15 m/s
VU	-0.674	1,88 ± 0,20 m/s
I	0.659	0,12 ± 0,02 kg.m²
GT	0.558	0,36 ± 0,15 s
UT	-0.550	1,10 ± 0,40 s
D19	-0.470	2,79 ± 0,38 m
V1mR	0.470	-1,73 ± 0,13 m/s
UD	0.468	2,62 ± 0,35 m
VPol	-0.450	23 ± 12 N.s
AT	0.436	1,10 ± 0,07 s
SD	-0.403	4,50 ± 0,72 m
RT	0.398	0,89 ± 0,06 s
PoDe	0.382	-0,32 ± 0,08 m
TD	0.381	4,99 ± 0,17 m

Tableau 3.6 : Corrélations de Pearson (classées par valeur absolue) entre la performance au virage (3mRTT) et les variables explicatives

Seulement 12 des variables ont une corrélation (en valeur absolue) supérieure à 0,4 avec la réponse, et seulement 6 des variables ont une corrélation (en valeur absolue) supérieure à 0,5 avec la réponse.

Les réponses linéaires n'étant pas très satisfaisante, une analyse bivariable non linéaire a été menée à l'aide de splines cubiques dont le paramètre de lissage est estimé par validation croisée généralisée. Cette étude montre que certaines variables pourraient présenter une association non linéaire avec la réponse. Néanmoins lorsqu'on fait des corrélations entre les termes quadratiques et la réponse, rien de nouveau ne ressort.

Enfin, une analyse de la matrice des corrélations montre que la corrélation entre les variables explicatives est très importante en raison d'une réelle redondance de l'information et à cause du trop faible effectif de la population (n=10).

En conclusion, Le nombre de variables explicatives (p=53) est très important par rapport au nombre d'observations (n=10). Il semble y avoir peu de variables linéairement liées à la réponse : seulement 6 variables sont très corrélées avec la réponse (corrélation supérieure en valeur absolue à 0,5); 16 variables sont légèrement corrélées avec la réponse (corrélation en valeur absolue entre 0,3 et 0,5); 31 variables ne sont pas corrélées avec la réponse (corrélation inférieure en valeur absolue à 0,3).

Discussion

Les fortes corrélations montrent que les meilleures nageuses expertes privilégient une phase de glisse réduite. Le sens des corrélations de VU (vitesse à la limite glisse-coulée), GT (temps de glisse), UT (temps de coulée) et UD (position à la limite glisse-coulée) indiquent que ces nageuses avancent leur reprise propulsive (la coulée) au détriment d'un maintien d'une position profilée. Étant donné qu'à cet instant, seulement une nageuse présente une vitesse supérieure à 2,2 m/s et 6 nageuses présentent des vitesses inférieures à 1,9 m/s, ce choix d'avancer la limite glisse-coulée est pertinent. Enfin, les fortes corrélations entre 3mRTT et UT (r = -0,550) et entre GT et UT (r = -0,509) indiquent que cette réduction de la phase de glisse s'accompagne d'une augmentation de la durée de la phase de coulée.

Le moment d'inertie minimal I semble pouvoir influencer la performance au virage. Le coefficient de corrélation positif (r = 0,659) entre ces variables représente l'idée qu'un bon regroupement lors du retournement s'accompagne d'un bon temps au virage. Toutefois, le fait que I et le temps de retournement (RT) ne soient pas corrélés (r = -0,172) indique que le moment d'inertie ne représente pas la vitesse de retournement.

La corrélation entre 3mRTT et V1mR (vitesse d'approche) montre qu'augmenter la vitesse en début de virage tend à diminuer le temps au virage. Cette idée est bien acceptée par les nageurs et leurs entraineurs qui leur rappellent souvent "d'attaquer" le mur. De plus, une corrélation positive est observée entre AT (le temps d'approche) et 3mRTT (le temps au virage). Le gain de temps à l'approche (réalisé grâce à une vitesse de nage élevée) est répercuté sur le temps au virage. Ce paramètre permet également de connaitre la part temporelle de la nage dans le virage. Avec un temps moyen au 3mRTT de 2,89 s et un temps moyen pour l'approche de 1,10 s, la part de nage dans le virage est de 38%.

L'analyse des impulsions pendant la poussée appuie l'intérêt d'une analyse dynamique 3D. Alors que l'impulsion horizontale n'est pas corrélée avec la performance au virage ; l'impulsion verticale (VPoI, r = -0,450) et l'impulsion latérale (LPoI, r = 0,343) le sont. De plus, l'angle de poussée (vA, r = -0,353) est également corrélé avec 3mRTT. Les sens des corrélations montrent que les meilleures nageuses poussent plus vers le fond et moins sur le côté que les moins bonnes nageuses de ce groupe. Ces résultats sont à mettre en rapport avec la profondeur de la tête pendant le contact.

En effet, les variables de profondeur CDe, PoDe, PeDe et GDe sont toutes corrélées positivement avec la performance ce qui indique que plus la nageuse est placée profondément lors du contact, meilleur sera son temps au virage. La profondeur de la tête évolue en moyenne de -0,32m à -0,38m au cours de la poussée. Ces résultats sont alors en accord avec ceux de Lyttle [Lyt1998] qui suggéraient aux nageurs de réaliser leurs virages à 0,4m de profondeur, particulièrement pour des vitesses au-dessus de 1,9 m/s, pour réduire au maximum les forces de trainée. En fin de poussée, les nageuses sont à 0,38m de profondeur et ont une vitesse de 2,55 m/s.

4.4 Modélisation

Les méthodes statistiques classiques d'analyse multivariée ne sont pas adaptées aux problèmes où n<p. Des méthodes mieux adaptées aux problèmes soulevés ici sont les méthodes de pénalisation et, en particulier, la méthode lasso.

Le lasso est une méthode de pénalisation et de sélection de variables initialement proposée pour la régression linéaire [Tib1996]. Dans ce cadre, elle consiste à estimer le vecteur de paramètres par minimisation du critère quadratique des moindres carrés sous une contrainte sur la somme des valeurs absolues des coefficients. L'introduction d'une pénalisation réduit la variabilité de l'estimation, améliorant ainsi la précision de prédiction. En outre, la pénalisation rétrécit certains coefficients, alors que les autres sont annulés exactement, aboutissant ainsi à des modèles plus parcimonieux.

Nous appliquons le lasso à l'estimation des données. La sélection du meilleur modèle est effectuée par validation croisée sur l'erreur de prédiction absolue moyenne. Aucune hypothèse sur la distribution des données n'est demandée. Afin de mesurer la stabilité du résultat, des intervalles de confiance à 95% sont calculés par une méthode non paramétrique ne faisant aucune hypothèse sur la distribution des données mais uniquement l'hypothèse de linéarité de la relation entre la réponse et les variables explicatives. Deux mille échantillons ainsi sont tirés de l'échantillon original.

Seulement deux variables LBI (impulsion latérale lors le placement) et VU (vitesse horizontale de la tête à la limite glisse-coulée) sont jugées pertinentes dans le modèle. Le coefficient associé à la variable explicative LBI est estimé à -0,0032, il représente l'effet de la variable explicative LBI sur les autres variables, VU dans ce cas. C'est-à-dire, à VU identique, une augmentation de LBI d'un N.s correspond à une diminution de 0,0032 s du 3mRTT moyen. Le coefficient associé à la variable explicative VU est estimé à -0,0151. De même, à LBI identiques, une augmentation de VU d'un m/s correspond à une diminution de 0,0151 s du 3mRTT moyen. Les intervalles de confiance à 95% des coefficients estimés reflètent l'instabilité du résultat en raison du faible nombre d'observations : [-0,0099 ; 0,0000], pour LBI et [-0,1578 ; 0,0000], pour VU. Le 0 à une des extrêmes de l'intervalle indique que la variable est jugée non pertinente dans 2,5% des modèles ajustés à partir des échantillons. L'effet « négatif » sur 3mRTT reste néanmoins stable.

5. Conclusion

Cette étude menée sur une population de 10 nageuses de niveau international a conduit à la réalisation d'un protocole d'analyse cinématique et dynamique 3D du virage crawl. La complexité du milieu d'étude n'a pas permis d'utiliser un modèle détaillé du corps humain. Néanmoins, la phase compliquée du retournement a pu être étudiée grâce à un modèle 3D à 6 segments du corps humain. En vue d'une étude statistique préliminaire, 50 variables ont pu être définies comme étant les variables de la performance à partir des mesures effectuées.

Une étude statistique exploratrice a permis de décrire l'influence de chacune des variables sur la performance au virage (3mRTT). Cette étude a mis en avant l'importance des efforts appliqués par l'athlète sur le mur lors du retournement ainsi que l'impact d'une phase de glisse réduite sur la performance.

Deux autres populations d'athlètes ont été analysées lors du travail de thèse de Puel F. : une population de 10 nageuses espoirs et une population de 10 nageurs internationaux. En prenant en compte les 22 variables corrélées avec la performance, une étude statistique de même ordre sera menée sur l'ensemble des 30 nageurs. Enfin, 2 études statistiques comparatives seront menées pour juger de l'influence du niveau d'expertise (comparaison nageuses expertes / nageuses espoirs) et de l'influence du sexe (comparaison nageuses expertes / nageurs experts) sur la performance.

BIBLIOGRAPHIE

[Bla1999] Blanksby, B. Gaining on turns. *Proceedings of the XVIIth International Symposium on Biomechanics in Sports-Swimming*, 11-20, 1999

[Cho1984] Chow, J., Hay, J., Wilson, B. & Imel, C. Turning techniques of elite swimmers. *Journal of Sports Sciences*, 2(3), 241 – 255, 1984

[Elip2009] Elipot, M., Hellard, P., Taïar, R., Boissière, E., Rey, J.L., Lecat, S. & Houel, N. Analysis of swimmers' velocity during the underwater gliding motion following grab start. *Journal of Biomechanics*, 42(9), 1367-1370, 2009

[Lyt1998] Lyttle, A., Blanksby, A., Elliott, B. & Lloyd, D. The effect of depth and velocity on drag during the streamlined glide. *Journal of Swimming Research*, (13), 15 – 22, 1998

[Lyt1999] Lyttle, A., Blanksby, B., Elliott, B. & Lloyd, D. Investigating kinetics in the freestyle flip turn push-off. *Journal of Applied Biomechanics*, Vol. 15(3), 242 – 252, 1999

[Lyt2000] Lyttle, A.D., Blanksby, B.A., Elliott, B.C. & Lloyd, D.G. Net forces during tethered simulation of underwater streamlined gliding and kicking techniques of the freestyle turn. *Journal of Sports Science*, 18(10), 801-807, 2000

[Pri2006] Prins, J.H. & Patz, A. The influence of tuck index, depth of foot-plant, and wall contact time on the velocity of push-off in the freestyle flip turn. *Biomechanics and Medicine in Swimming X*, (6) 82-85, 2006

[San2002] Sanders, R. New analysis procedures for giving feedback to swimming coaches and swimmers. *Scientific Proceedings-Applied Program-XXth International Symposium on Biomechanics in Sports-Swimming*, Cáceres (Spain), 2002

[Tib1996] Tibshirani, R. Regression shrinkage and selection via the lasso. *J. Royal. Statist.* (58) 1, 267-288, 1996

PROJET SCIENTIFIQUE

Mon projet de recherche s'inscrit dans la structuration de la biomécanique bordelaise. En effet, il faut constater que bien que la biomécanique soit une science très pluridisciplinaire, pour l'instant pas assez de collaborations internes sont menées sur le campus bordelais. En outre, la lisibilité de la biomécanique bordelaise est mauvaise, il semble alors indispensable de construire une thématique biomécanique en s'appuyant sur les principaux acteurs à l'université de Bordeaux.

Au cours de ces derniers mois, nous avons créé des liens de travail avec l'UMR 5227 « mouvement adaptation et cognition » de Cazalets JR. Cette UMR de Bordeaux 2 dispose d'une plate forme d'analyse du mouvement, intégrant des outils modernes permettant de réaliser en temps réel l'ensemble des mesures nécessaires à la compréhension du mouvement humain tant du point de vue de la mécanique que du contrôle moteur. La plateforme dispose d'un système tridimensionnel d'analyse de mouvement (Elite BTS), de 2 plate-formes de force (AMTI), de systèmes d'enregistrement electromiographique (Pocket EMG et Kinemyo) installé sur un site dédié.

Les thématiques abordées par cette UMR (anatomie, physiologie et contrôle moteur) sont très complémentaires de celles traitées par Bordeaux 1. L'analyse du rôle du tronc dans l'initiation du mouvement humain est la préoccupation principale de cette équipe.

Un rapprochement scientifique entre l'UMR 5469 et 5227 sur la biomécanique du mouvement humain a été alors naturel et permet un réel enrichissement mutuel. De nombreux champs d'étude pourront être couverts : anatomie, physiologie, contrôle moteur, analyse et modélisation du mouvement pathologique ou sportif, biomécanique ostéo-articulaire, conception de prothèse ou d'orthèse. De plus, ce rapprochement ouvrira de nouvelles perspectives de recherche, permettra de renforcer les collaborations locales existantes (UFR d'odontologie pour l'UMR 5469, rééducateurs fonctionnels de l'EA 4136 pour l'UMR 5227) et rendra viable des projets scientifiques trans-disciplinaires ambitieux sur le mouvement humain.

Dans cette nouvelle structure, j'ai choisi de me rattacher à l'UMR 5227 pour me rapprocher de mon corps de métier qui traite de l'analyse et de la modélisation du mouvement humain en m'ouvrant à la physiologie et au contrôle moteur afin de traiter à la fois la commande et le mouvement.

Etant maître de conférences à l'UFR STAPS de Bordeaux 2, ce repositionnement dans une équipe de cette même université semble logique mais pourrait fragiliser la biomécanique à Bordeaux 1 alors que l'objectif prioritaire est d'ouvrir les champs d'étude et rendre visible la biomécanique à Bordeaux.

Dans cette optique, nous avons décidé de mettre en avant un thème biomécanique du mouvement humain en s'appuyant sur l'UMR 5469 de Bordeaux 1 et l'UMR 5227 de Bordeaux 2.

L'intérêt d'une telle démarche est multiple :
- lister l'ensemble des compétences en biomécanique présentes sur le site bordelais
- proposer un projet de recherche commun
- construire des projets trans-disciplinaires ambitieux de type ANR
- renforcer les collaborations locales existantes
- ouvrir d'autres perspectives de collaboration locale ou nationale

De plus, cette structuration intervient à un moment stratégique où l'ensemble des laboratoires de la mécanique bordelaise se rassemble dans l'institut de mécanique et d'ingénierie de Bordeaux (IMIB) et l'UMR 5227 fusionne avec l'UMR 5228 et 5231 de Bordeaux 2 et Bordeaux 1 pour former l'institut de neurosciences cognitives et intégratives d'aquitaine (INCIA). Il semble donc important et opportun de rassembler et développer la biomécanique sans pour autant nuire aux structures en place ou en développement.

Mon projet scientifique pour les années à venir s'inscrit à la fois dans un changement de laboratoire et dans la structuration de la biomécanique bordelaise. Au sein de l'UMR 5227, je vais participer activement au sein de l'équipe de CAZALETS JR. qui concentre ses efforts sur l'étude de l'initiation du tronc dans le mouvement humain en s'appuyant sur la plate-forme d'analyse du mouvement.

Trois études sont en cours dans l'équipe sur cette thématique et couplent des connaissances en analyse du mouvement et biomécanique avec des connaissances en neurosciences et contrôle moteur.

Rôle des muscles de tronc dans l'équilibre postural dynamique

Cette étude est centré sur les mouvements du tronc pendant le déclenchement de la marche Une mesure de la cinématique du tronc et des enregistrements EMG des muscles erector spinae (ES) sont couplés à une analyse des efforts d'appui durant la marche. La comparaison des enregistrements EMG et de la cinématique de tronc prouve que l'activité musculaire des ES précède l'activité cinématique correspondante, indiquant que les ES contrôlent les mouvements du tronc pendant la locomotion afin d'assurer une meilleure mobilisation du bassin. Les données EMG prouvent également que l'activité des ES anticipent les phases de propulsion de la marche avec des schémas moteurs répétitifs, conformément à une commande motrice contrôlée par un générateur central.

Modèle de locomotion humaine

Les générateurs centraux artificiels de modèle (aCPGs) sont bien adaptés au contrôle des systèmes pendant des tâches rythmiques comme la locomotion humaine. aCPGs ont la capacité de reproduire des comportements réels mais peuvent être aussi employé en tant que contrôleurs pour des systèmes multiarticulés. Dans cette étude, un modèle de la locomotion humaine a été développé à partir d'un réseau neural oscillant avec pour objectif de reproduire l'activité des muscles du tronc. Une validation a été effectuée en utilisant des signaux d'accéléromètre enregistrant les mouvements du tronc pendant la locomotion.

Sit-to-stand (STS) et sit-to-walk (STW): stratégies employées par des sujets jeunes et âgés

Le but de ce projet était de déterminer les paramètres biomécaniques les plus appropriés pour caractériser des tâches de STS et de STW. À cet effet, nous avons enregistré la cinétique, la cinématique et les EMG pour une population de sujets jeunes et âgés. Deux stratégies différentes ont été identifiées dans l'exécution de la tâche de STS - la stabilité posturale a été favorisée pou les sujets âgés, tandis que la vitesse d'exécution a été favorisée pour les sujets jeunes. Pour la tâche de STW, trois stratégies ont été utilisées. La première est basée sur la commande symétrique de l'équilibre, alors que les deux autres montrent un déséquilibre passager transverse et vers l'avant. Les personnes âgées ont tendu à employer uniquement la première stratégie, exprimant une préférence pour se lever d'une chaise en position stable. Nous avons conclu que le STW est une tâche plus appropriée pour détecter des désordres moteurs spécifiques et des maladies musculaires.

Mon rôle au sein de cette équipe sera de participer aux expérimentations en cours mais aussi de proposer une modélisation biomécanique du tronc qui fait pour l'instant défaut. Il faudra aussi envisager d'autres perspectives d'études sur le rôle du tronc dans des taches plus complexes, sportives par exemple.

Enfin, un projet ANR Tecsan 2011 sera proposé en mars prochain. Ce projet trans-disciplinaire, porté les cliniciens de l'EA 4136 de Bordeaux 2, met déjà en avant une forte volonté de collaboration entre Bordeaux 1 et Bordeaux 2 sur un sujet de biomécanique. Il s'agit de réaliser un suivi clinique du rachis pour des personnes scoliotiques par des mesures optiques novatrices et non invasives (UMR 6610 Poitiers, EA 4136 Bordeaux 2, Société AXS ingénierie). Cette mesure sera par la suite validée par une capture 3D du rachis en l'aide du système Elite et d'un maillage de marqueurs passifs (plate forme d'analyse du mouvement, UMR 5227). Parallèlement, un modèle multicouche EF (structure osseuse, disque intervertébral, structure musculaire) du rachis lombaire et thoracique sera développé par l'UMR 5469. Ce modèle servira de base à l'élaboration d'un cahier des charges pour la réalisation d'un corset dynamique (Société Lagarrigue).

Deux thèses sont envisagées et déjà en cours de discussion avec les différents partenaires. La première portera sur une modélisation EF musculo-squelettique du rachis sain ou pathologique, la seconde sur une simulation EF du comportement du rachis appareillé et la conception d'un corset dynamique.

Liste des publications

Revues internationales avec comité de lecture (10)

Mesnard M., Ramos A., Ballu A., Morlier J., Cid M. & Simoes JA. Numerical comparison between natural and implanted mandibule. *Journal of Oral and Maxillofacial Surgery*, accepté juin 2010

Mesnard M., Aoun M., Morlier J., Cid M. & Ballu A. Validation of a protocol to characterize the temporomandibular joint kinematics. *International Journal for Computational Vision and Biomechanics*, 3 (1), 42-50, 2010

Morlier J., Mesnard M., Aoun M. & Cid M. Pole-vaulting: a comparison of two dynamic finite element models. *Russian Journal of Biomechanics*, 13 (2), 14-22, 2009

Bazert C., Mesnard M., Morlier J., Aoun M., Sampeur M., Boileau M.J. & Cid M. A stabilometric assessment of the mandible propulsion influence on the general posture. *Russian Journal of Biomechanics*, 12 (1), 21-35, 2008

Coutant J.-Ch., Mesnard M., Morlier J., Ballu A. & Cid M. Discrimination of objective kinematic characters in temporomandibular joint displacements. *Archives of Oral Biology*, 53 (5), 453-461, 2008

Morlier J., Mesnard M. & Cid M. Pole-vaulting: identification of the pole local bending rigidities by an updating technique. *Journal of applied Biomechanics*, 24 (2), 140-148, 2008

Morlier J., Mesnard M. Influence of the moment exerted by the athlete on the pole in pole-vaulting performance. *Journal of Biomechanics*, 40 (10), 2261-2267, 2007

Mesnard M., Morlier J. & Cid M. An essential performance factor in pole-vaulting. *Compte Rendu de l'Académie de Science (Mécanique)*, 335 (7), 382-387, 2007

Morlier J., Mesnard M. & Cid M. Dynamic simulation of golf-swing: an analysis of the bending moment in downswing. *Russian Journal of Biomechanics*, 10 (1), 35-43, 2007

Morlier J., Cid M. Three-Dimensional analysis of the angular momentum of a pole vaulter. *Journal of Biomechanics*, 29 (8), 1085-1090, 1996

Revues nationales avec comité de lecture (3)

Cazorla G., Ezzedine-Boussaidi L.B., Maillot J. & Morlier J. Qualités physiques requises pour la performance en sprint avec changement de directions types sports collectifs. *Science et Sports*, 23 (1), 19-21, 2008

Coutant J.C., Mesnard M., Ballu A., Morlier J., Caix P. & Cid M. Articulation temporo-mandibulaire : corrélation entre les géométries temporales et les déplacements articulaires. *Morphologie*, 91 (293), 110, 2007

Morlier J., Cid M. Biomécanique 3D du saut à la perche. *Science et Sports*, 12 (1), 35-36, 1997

Diffusion de la connaissance (5)

Morlier J., Valier T. & Markovich C. Analyse cinématique 3D du service smashé au volley-ball : Comparaison avec différents types d'attaque. *Volley France Tech.*, 17, 15-25, 2005

Morlier J., Cid M. & Nourry E. Analyse de la détente verticale au volley-ball. *Volley France Tech.*, 4, 3-20, 1999

Morlier J., Cid M. & Gerard A. Pour l'optimisation du saut : analyse mécanique 3D du saut à la perche. *100 faits marquants du SPI, CNRS*, 97, 1997.

Morlier J., Cid M. & Gerard A. Capteur de mouvements. *Le journal du CNRS*, 79-80, 16-17, Juillet - Août 1996

Morlier J., Cid M. & Gerard A. Le saut à la perche. *Pour la Science*, 225, 36, Juillet 1996

Congrès internationaux (12)

Puel, F., Morlier, J., Cid, M., Chollet, D., & Hellard, P. Biomechanical factors influencing tumble turn performance of elite female swimmers. *Biomechanics and Medicine in Swimming XI*, 155-157, 2010

Puel, F., Morlier, J., Mesnard, M., Cid, M., & Hellard, P. Dynamics and kinematics in tumble turn: an analysis of performance. 35ème Congrès de la Société de Biomécanique, Le Mans, France, 09-2010. *Computer Methods in Biomechanics and Biomedical Engineering*, (13) 109-111, 2010

Aoun M., Ramos A., Ballu A., CID M., Simoes JA., Morlier J. & Mesnard M. Stress distribution in the TMJ disc during a jaw opening movement simulated with a 2D finite element model. 34ème Congrès de la Société de Biomécanique, Toulon, France, 09-2009. *Computer Methods in Biomechanics and Biomedical Engineering*, 12 (1), 68-69, 2009

Bazert C., Mesnard M., Morlier J., Boileau MJ., Ballu A. & Cid M. Stabilometric study of changes in body posture during mandibular advancement. 33ème Congrès de la Société de Biomécanique, Compiègne, France, 09-2008. *Computer Methods in Biomechanics and Biomedical Engineering*, 11 (1), 25-27, 2008

Coutant J.C., Mesnard M., Ballu A., Morlier J., Caix P. & Cid M. Trajectories and kinematic characters in temporomandibular joint displacements. 33ème Congrès de la Société de Biomécanique, Compiègne, France 09-2008. *Computer Methods in Biomechanics and Biomedical Engineering*, 11 (1), 63-65, 2008

Nyashin YI., Mesnard M., Lokhov VM., Morlier J., Nyashin MY., Ballu A. & Cid M. Mechanical actions and pressure in functioning of the human temporomandibular joint. 32ème Congrès de la Société de Biomécanique, 08-2007 - Lyon, France. *Computer Methods in Biomechanics and Biomedical Engineering*, 10 (1), 189, 2007

Cid M., Coutant JC., Mesnard M., Morlier J. & Ballu A. Mechanical modelling of the Temporo-Mandibular Joint, a kinematic discrimination approach. 32ème Congrès de la Société de Biomécanique, 08-2007 - Lyon, France. *Computer Methods in Biomechanics and Biomedical Engineering*, 10 (1), 191, 2007

Bazert C., Mesnard M., Morlier J., Boileau MJ., Ballu A. & Cid M. Mandibular protrusion : its influence on static balance. 32ème Congrès de la Société de Biomécanique, 08-2007 - Lyon, France. *Computer Methods in Biomechanics and Biomedical Engineering*, 10 (1), 139, 2007

Morlier J., Cid M. Central axis of wrench: biomechanical applications. 28ème Congrès de la Société de Biomécanique, Poitiers, France, 09-2003. *Archives of Physiology and Biochemistry*, 111, 78, 2003

Morlier J., Cid M. Approche torsorielle dynamique 3D du saut à la perche. 1er Congrès Européen de l'OASIS, Décembre 1999, Paris

Cid M., Morlier J. Determination of efforts applied by the vaulter on the pole. BIOMEC 97, Octobre 1997, Mons (Belgique)

Morlier J., Cid M. Three-Dimensional dynamic analysis of pole vaulting. ISBS' 96, 378-381, Juin 1996, Madeira (Portugal)

Congrès nationaux (3)

Morlier J., Cid M. Biomécanique 3D du saut à la perche. 1er Symposium sur l'analyse du mouvement complexe en situation, Avril 1996, Chamonix

Morlier J., Cid M. Analyse mécanique 3D du saut à la perche. 12ème Congrès Français de Mécanique, Vol I, 53-56, Septembre 1995, Strasbourg

Cid M., Morlier J. & Gerard A. Analyse tridimensionnelle du saut à la perche. Journée thématique de la société de Biomécanique, 31-35, 9 Juin 1997, Paris

Séminaire invité (1)

Morlier J. Le saut à la perche : de l'analyse à la modélisation. Oser le Savoir – Sports et Société, Cité des Sciences, Paris, 4 Juillet 2000

ACTIVITES D'ENCADREMENT

Thèse (3)

BAZERT C. (encadrement Cid M., Mesnard M., **Morlier J.**)

Adaptations posturales lors de perturbations de l'occlusion dentaire / Thèse Université Bordeaux 1 / Soutenue 12-2008.

Insertion professionnelle : MdC à l'UFR d'odontologie depuis 10-2009

Publications : 1 article international, 2 congrès internationaux

AOUN M. (encadrement Cid M., Mesnard M., **Morlier J.**)

Caractérisation et modélisation du ménisque de l'articulation temporo-mandibulaire / Thèse Université Bordeaux 1 / Soutenue 06-2010.

Publications : 3 articles internationaux, 1 congrès international

PUEL F. (encadrement Cid M., **Morlier J.**, Hellard P.)

Etude cinématique et dynamique 3D du virage crawl en natation / Thèse Université Bordeaux 1 / Soutenance prévue 12-2010.

Publications : 1 article international en cours, 1 congrès international

Master 2 (12)

GUILHERME J. Analyse du virage crawl en natation, Master 2 STAPS Ingénierie de l'entraînement sportif, Université Bordeaux 2, 2009

VERSTRAETE T. Biomécanique 3D d'une attaque spécifique en karaté : Gyaku Tsuki, Master 2 STAPS Ingénierie de l'entraînement sportif, Université Bordeaux 2, 2008

MAILLOT J. Influence de la coordination et de la force maximale dans une course en crochet de type rugby, Master 2 STAPS Ingénierie de l'entraînement sportif, Université Bordeaux 2, 2007

PARA A. Analyse biomécanique du tir au handball, DESS STAPS Ingénierie de l'entraînement sportif, Université Bordeaux 2, 2004

RABEC S. Analyse biomécanique du sabre, DESS STAPS Ingénierie de l'entraînement sportif, Université Bordeaux 2, 2004

PEYROT F. Analyse cinématique du fleuret, DESS STAPS Ingénierie de l'entraînement sportif, Université Bordeaux 2, 2003

CAPEYRAN R. Analyse biomécanique du swing de golf, DEA STAPS, Université Bordeaux 2, 2003

FARGUE M. Analyse cinématique et dynamique du blocage redémarrage, DESS STAPS Ingénierie de l'entraînement sportif, Université Bordeaux 2, 2003

JORREY A. Analyse dynamique du mawashi-geri, DEA STAPS, Université Bordeaux 2, 2003

PRESTI S. Elaboration d'outils informatiques en réponse à une demande du monde sportif, DESS STAPS Ingénierie de l'entraînement sportif, Université Bordeaux 2, 2001

HARAMBURU E. Analyse dynamique du swing de golf, DEA de Mécanique, Université Bordeaux 1, 1999

CLOSSE C. Modélisation et conception de nouvelles perches de saut, DEA de Mécanique, Université Bordeaux 1, 1998

Oui, je veux morebooks!

I want morebooks!

Buy your books fast and straightforward online - at one of the world's fastest growing online book stores! Environmentally sound due to Print-on-Demand technologies.

Buy your books online at
www.get-morebooks.com

Achetez vos livres en ligne, vite et bien, sur l'une des librairies en ligne les plus performantes au monde!
En protégeant nos ressources et notre environnement grâce à l'impression à la demande.

La librairie en ligne pour acheter plus vite
www.morebooks.fr

VDM Verlagsservicegesellschaft mbH
Heinrich-Böcking-Str. 6-8   Telefax: +49 681 93 81 567-9   info@vdm-vsg.de
D - 66121 Saarbrücken   www.vdm-vsg.de

Printed by Books on Demand GmbH, Norderstedt / Germany